国家自然科学基金面上项目(52174137)
国家自然科学基金青年基金项目(51704275)
深部煤矿采动响应与灾害防控国家重点实验室开放基金项目(SKLMRDPC20KF13)

综放开采煤矸自然射线辐射规律及识别方法

张宁波　著

中国矿业大学出版社

· 徐州 ·

内 容 提 要

本书系统阐述了综放开采煤矸自然射线辐射规律及识别方法。主要内容包括煤岩层中放射性核素的分布特征、煤矸自动识别试验系统的研制、煤矸低水平自然 γ 射线的涨落规律及识别方法和实验室试验研究等。全书内容丰富、层次清晰、图文并茂、论述有据,理论性和实用性强。

本书可供采矿工程领域的科技工作者、高等院校师生和煤矿生产管理者参考。

图书在版编目(C I P)数据

综放开采煤矸自然射线辐射规律及识别方法 / 张宁波著.—徐州:中国矿业大学出版社,2023.8
ISBN 978 - 7 - 5646 - 5929 - 5

Ⅰ.①综… Ⅱ.①张… Ⅲ.①综采工作面－煤矸石－识别－研究 Ⅳ.①TD94

中国国家版本馆 CIP 数据核字(2023)第 153433 号

书　　名	综放开采煤矸自然射线辐射规律及识别方法	
著　　者	张宁波	
责任编辑	王美柱	
出版发行	中国矿业大学出版社有限责任公司	
	(江苏省徐州市解放南路　邮编 221008)	
营销热线	(0516)83885370　83884103	
出版服务	(0516)83995789　83884920	
网　　址	http://www.cumtp.com　E-mail:cumtpvip@cumtp.com	
印　　刷	苏州市古得堡数码印刷有限公司	
开　　本	787 mm×1092 mm　1/16　**印张** 7.25　**字数** 134 千字	
版次印次	2023 年 8 月第 1 版　2023 年 8 月第 1 次印刷	
定　　价	38.00 元	

(图书出现印装质量问题,本社负责调换)

前　言

众所周知,综放开采实现自动化放煤的瓶颈是煤矸自动识别技术。因此,煤矸自动识别的研究一直是综放开采技术领域研究的重点和热点,它关系到综放开采技术水平的进一步提升和煤矿安全绿色开采的保障。笔者近十余年来持续地对综放开采煤矸识别进行研究,综合考虑煤岩层沉积赋存特征,采用理论分析、现场调研、现场煤岩样采集和实验室试验相结合的研究方法对基于煤矸自然 γ 射线的自动识别理论和技术进行了深入的基础性研究,其研究成果构成了本书的主体内容。

笔者自 2010 年申请并获得第一项发明专利以来(专利号:ZL201010147487.8),持续开展智能放煤理论与试验研究工作,并推动理论研究走向现场应用。本书专注于基于自然 γ 射线的煤矸自动识别技术,共有 6 章内容,包括绪论、沉积煤岩层中放射性核素的分布特征、煤矸自动识别试验系统的研制、煤矸低水平自然 γ 射线的涨落规律及测量识别、煤矸识别试验研究、结论与展望等。这些成果是针对基于自然 γ 射线煤矸识别所开展的有关理论与技术方面的新近研究成果,体现了综放开采的研究前沿和发展方向,为综放开采煤矸自动识别的现场应用奠定了理论基础。

本书的研究工作和出版得到了国家自然科学基金项目"综采面煤岩自然 γ 射线辐射规律及识别方法研究"(编号:52174137)、"复杂结构特厚煤层综放流场煤-矸-岩辐射规律及识别研究"(编号:51704275),以及深部煤矿采动响应与灾害防控国家重点实验室开放基金项目"基于自然 γ 射线的煤岩界面智能识别方法研究"(编号:SKLMRDPC20KF13)的资助。

本研究成果是研究团队与煤炭企业产学研合作的成果。感谢刘长友教授、鲁岩副教授、杨培举副教授、吴锋锋副教授在有关研究中给予的指导和帮助,感谢伊泰集团刘江总工程师、同煤集团于斌总工程师(现重庆大学教授)和刘锦荣总工程师、大同大学杨玉亮老师和李永明副教授、中煤平朔二号井江玉连矿长、龙口矿务局北皂煤矿范崇岩矿长、兖矿集团南屯煤矿冯增强矿长及兴隆庄煤矿谢强珍矿长和邢世军科长给予的支持和帮助,感谢陈宝宝硕士、陈现辉硕士、路鑫硕士、赵占全硕士、张晋硕士、王京龙硕士、翟天宇硕士、黄斌硕士、邱教剑硕士、刘建伟硕士、晏遂硕士、倪友建硕士、李星鹤硕士、张井跃硕士在样品采集、运输和试验过程中不辞辛苦的鼎力相助。

由于笔者水平所限,书中难免存在不当之处,敬请同行专家和读者给予批评指正。

著 者
2023 年 6 月

目　　录

1 绪论 ……………………………………………………………… 1
　1.1 问题的提出与研究意义 ……………………………………… 1
　1.2 文献综述 ……………………………………………………… 3
　1.3 主要研究内容 ……………………………………………… 11
　1.4 研究方法与技术路线 ……………………………………… 12

2 沉积煤岩层中放射性核素的分布特征 …………………… 14
　2.1 我国的主要聚煤期及聚煤区特点 ……………………… 14
　2.2 天然放射性核素 …………………………………………… 16
　2.3 沉积岩中天然放射性核素沉积特征 …………………… 19
　2.4 典型厚煤层矿区煤岩层的辐射特征分析 ……………… 23
　2.5 小结 ………………………………………………………… 27

3 煤矸自动识别试验系统的研制 …………………………… 28
　3.1 自然 γ 射线法煤矸自动识别原理 ……………………… 28
　3.2 煤矸自动识别试验系统技术指标 ……………………… 32
　3.3 煤矸自动识别试验台 ……………………………………… 32
　3.4 煤矸自然 γ 射线测量系统 ……………………………… 38
　3.5 煤矸自动识别试验系统的特点 ………………………… 47
　3.6 小结 ………………………………………………………… 47

4 煤矸低水平自然 γ 射线的涨落规律及测量识别 ……… 48
　4.1 煤矸混合体中含矸量的确定 …………………………… 48
　4.2 核辐射探测器的本底辐射及屏蔽 ……………………… 60
　4.3 煤矸放射性计数的涨落规律 …………………………… 61
　4.4 煤矸放射性探测阈值的确定 …………………………… 62
　4.5 测量时间对误差的影响 ………………………………… 64

4.6 合理的滤波方法 ……………………………………… 65

4.7 小结 …………………………………………………… 66

5 煤矸识别试验研究 ………………………………………… 68

5.1 试验目的 ……………………………………………… 68

5.2 试验仪器及材料 ……………………………………… 68

5.3 试验方案 ……………………………………………… 70

5.4 试验结果分析 ………………………………………… 72

5.5 煤矸识别指标体系和临界值的确定 ………………… 94

5.6 小结 …………………………………………………… 95

6 结论与展望 ………………………………………………… 96

6.1 主要结论 ……………………………………………… 96

6.2 主要创新点 …………………………………………… 97

6.3 研究展望 ……………………………………………… 98

参考文献 ……………………………………………………… 99

1　绪　　论

1.1　问题的提出与研究意义

煤炭在世界能源结构中占有重要比例。近 100 年来,虽然全球经历三次能源革命,但煤炭依然是全球最重要的基础能源之一,其在能源结构中占比长期处于 30% 左右,预计 2023 年前后将继续维持此水平,2035 年仍将占到 26%。这是全球所有权威能源机构基本趋同的研究结论,无论世界各国能源政策如何变化,都难以做到彻底地"去煤化"。

煤炭是能源品种中最经济、最可靠的能源。按同等热值折算,煤炭、石油、天然气的比价为 1∶9∶3,相当于我国同等热值的煤炭价格是汽柴油价格的 1/9、天然气价格的 1/3。

煤炭是我国的主体能源,2020 年全国原煤产量为 39 亿 t,占一次能源消费比例为 56.8%;2021 年全国原煤产量达 40.7 亿 t,占我国一次能源消费比例为 56%;2022 年全国原煤产量达 45.6 亿 t,占我国一次能源消费比例为 56.2%。在未来相当长时期内,煤炭作为主体能源的地位不会改变。同时,煤炭工业是关系国家经济命脉和能源安全的重要基础产业。图 1-1 为 2005—2022 年我国煤炭消费总量及增幅。

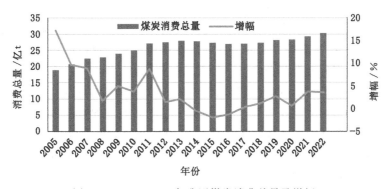

图 1-1　2005—2022 年我国煤炭消费总量及增幅

我国采煤历史悠久,但长期以来采煤方法落后,机械化采煤程度低,效率低下。煤炭高效集约化生产是世界煤炭工业发展的主流,也是我国煤炭工业发展的方向。20世纪80年代末期以来,美国、德国、英国、澳大利亚等发达采煤国家利用微电子技术、计算机技术和自动化技术等高新技术成果,研制开发出高效机电一体化技术及成套装备,该技术的应用使传统的煤炭生产发生了跳跃式的变革。实践证明,高效集约化开采是我国煤炭企业生存和发展的必由之路,同时也是提高我国煤炭开采技术在世界煤炭市场上竞争力的必要手段。

提高煤矿劳动生产率,降低生产成本,改善劳动条件,是煤矿生产的永恒主题。煤矿正向着设备大型化、生产高度集中化、过程自动化和管理网络化的方向发展,有的煤矿已实现综采工作面全自动化控制。综合机械化开采的应用推广标志着我国煤炭工业开始进入工业化阶段,而综放开采技术的引进与不断发展和完善对我国煤炭工业的发展具有划时代的重大意义,是我国采掘技术的一次深刻革命。经过30多年的试验、推广、完善与提高,综放开采目前已经成为我国厚煤层实现安全高效开采的首选采煤方法,基本取代了传统的分层采煤方法,成为我国厚煤层矿区高产高效矿井建设、实现集约化生产的核心技术途径。

我国厚煤层(厚度≥3.5 m)在现有煤炭资源量和产量中均占45%左右,而综放开采技术是我国厚煤层煤炭开采的主要技术之一,方法是煤层底部采用传统的采煤机落煤,上部的煤炭在矿山压力及液压支架的作用下破碎后由放煤口放至工作面后部刮板输送机。综放开采技术可以实现对厚煤层的一次采全高,从而提高煤炭开采的效率。

1996年,全国共有11个年产200万t以上的采煤队,其中有8个是通过综放开采方法实现的;1997年再上新台阶,全国共有4个年产超过300万t的采煤队,且均为综放队;2006年,潞安王庄煤矿综采一队年产量达到630万t,接近世界先进采煤国家水平。

近年来,综放开采技术已在我国大多数厚煤层工作面应用。但目前综放开采的放顶煤工序仍然依靠人工按照"见矸关窗"的原则来进行控制,破碎顶煤和顶板矸石在块度、密度等方面的差异导致在放煤过程中煤矸的放落回收依次经历纯煤放落和煤矸混合两个阶段。因此,进一步提高顶煤回收率就需要一定的混矸量,而通过人工操作的方式放顶煤,难以进行混矸量的控制,因而对顶煤回收率的控制具有很大的人为性,放煤过程中过放和欠放的情况很难避免影响煤质和浪费资源的状况。综放采场范围大,工作面放顶煤支架数量多,放煤工序工作环境差,人工控制放煤口的劳动强度大、工作效率低,因此实现自动化放煤是综放开采技术自动化的关键。

自动化放煤可以避免放煤工序中人员操作的随机性,实现真正意义上的控制放煤和等量放煤,有利于提高综放开采顶煤的放出率和降低混矸率,有利于实现综放工作面的采放平衡和提高工作面生产效率。自动化放煤可以减少或不用放煤工,工作人员可以远离放煤地点,从而降低放煤口粉尘对工人健康的影响。

自动化放煤的实现,需要应用放煤口放落体中混矸探测识别技术,并与液压支架电液控制系统相结合实现放煤的自动控制。目前实现了液压支架电液控制系统的应用,为工作面的自动化控制奠定了基础,如支架的自动降—移—升、自动推移刮板输送机、跟机自动化作业、远程操作等,并且在支架高度测量、支架姿态检测与控制、支架护帮板围岩耦合控制等技术方面也进行了研究与探索,取得了突破。另外,为了保障液压支架电液控制系统能够正常使用,还开发出了智能变频集中供液系统,建立了包括泵站智能控制、多级清洁过滤保障体系等成套供液系统,为工作面提供了高效的液压清洁动力源。

目前电液控制等技术已经成熟,故而实现自动化放煤的瓶颈是对顶煤放落过程中混入其中的矸石进行探测识别,根据混入矸石量选择支架关窗时机。我国在《国家中长期科学和技术发展规划纲要(2006—2020 年)》能源领域优先主题中确定的重点为"研究开发煤炭高效开采技术及配套装备"。2020 年国家能源局等八部门联合印发了《关于加快煤矿智能化发展的指导意见》,推动智能化技术与煤炭产业融合发展,助力能源领域"新基建"稳步推进。2021 年国家能源局、国家矿山安全监察局印发《煤矿智能化建设指南(2021 年版)》,指导规范智能化煤矿建设。2022 年国家能源局公布《智能化示范煤矿验收管理办法(试行)》(以下简称《办法》)。《办法》规定了申请智能化验收的煤矿的条件和验收程序,智能化示范建设煤矿的验收要求和监督管理要求。可见,研究煤矸自动识别理论和技术符合我国中长期规划,是我国能源科技亟待突破的重点技术之一。

本书针对综放开采过程中煤矸识别技术进行基础性研究,研究结果将为进一步推进采煤工艺技术的发展,实现综放工作面的自动化生产提供理论依据,并为后续的技术产业化奠定基础,将丰富放顶煤开采理论和技术,对于提高综放工作面的自动化和智能化程度、生产效率和回采率以及提高煤矿企业经济效益具有重要意义,具有广阔的应用前景。

1.2　文献综述

在煤矸识别方面的研究主要分为综采煤岩界面识别和综放煤矸混合度识别两类,目前国外在煤矸识别方面的研究主要集中在自动判断识别综采工作面煤岩界面,国内对综采煤岩界面识别和综放煤矸混合度识别均有研究。下面依次叙述国内外在煤岩界面识别和煤矸混合度识别方面的研究现状。

1.2.1 综采煤岩界面识别研究现状

煤岩界面识别传感技术是国内外公认的高难度课题。自20世纪60年代以来,世界上主要产煤国家在煤岩界面识别方面进行了大量的研究,提出了多种煤岩界面识别原理,诸如基于电磁波辐射技术的煤岩界面识别方法、基于振动测试技术的煤岩界面识别方法、基于敏感截齿技术的煤岩识别方法等。表1-1列举了自20世纪以来各国所采用的煤岩界面识别技术及其研究组织。

表1-1 世界各国煤岩界面识别技术及其研究组织

采用技术	研究国家	研究组织
光学技术	美国	Bureau of Mines
红外技术	美国	Bureau of Mines
X射线荧光技术	美国	Bureau of Mines
人工γ射线技术	英国	British Coal
自然γ射线技术	英国	British Coal,Salford Electrical Instruments,Anderson Strathclyde,Mining Supplies,Pitcraft-Summit,British Jeffrey Diamond
	美国	American Mining Electronics,Consolidation Coal
	中国	中国矿业大学等
雷达技术	美国	Bureau of Mines
电磁场辐射技术	美国	Stolar
激发电流技术	美国	Metec
电子自旋共振技术	美国	Bureau of Mines
地震测试技术	美国	Bureau of Mines
敏感钻头技术	美国	Bureau of Mines
超声波技术	美国	Bureau of Mines
高压水射流技术	美国	Bureau of Mines
振动分析技术	美国	Bureau of Mines
	德国	MARCO
	日本	Mitsui Coal Mining Research Center
	澳大利亚	CSIRO
	中国	太原理工大学等

表 1-1(续)

采用技术	研究国家	研究组织
视频技术	英国	Rees Hough Ltd.
	西班牙	AITEMIN
	法国	CERCHAR
	加拿大	Ecole Polytechnique
	美国	Video Miners
	日本	Mitsui Coal Mining Research Center
截齿应力分析技术	英国	Bureau of Mines
	波兰	Katowice-Elect. Eng & Automation in Mining
激光粉尘照相技术	德国	Ruhrkohle,Battelle et al.
记忆截割技术	美国	JOY
	德国	Eickhoff,DBT

煤岩界面识别技术最早由英国人提出并展开这方面的研究工作,他们于1966年研究了 γ 射线散射法。这种方法将人工放射源和放射性探测器放在顶煤下方,人工放射源发出的 γ 射线同顶煤发生作用后在煤岩分界面被反射回空气中,并被探测器探测到,继而识别煤岩界面。

1980年,英国、美国进行了天然 γ 射线法研究,在顶底板岩石中通常含有钾、铀等放射性核素,且顶板岩性不同,放射性核素的含量也不同,因此放射出的 γ 射线能量和强度均不同。由于煤层对射线具有衰减作用,通过射线能量可判断煤层厚度。

从20世纪80年代起,英国、美国开始研究基于截割力响应的识别系统,该方法和自然 γ 射线法刚好具有互补性。由于煤和岩石的力学特性不同,采煤机滚筒截齿在割煤、割顶板时所表现出的力学特征不同,据此可进行煤矸界面的自动识别。该方法不受采煤工艺的限制,对地质条件的要求是只要顶板岩石和煤在机械性能方面有一定差别即可。德国 MARCO 公司开发了一套 SKA 振动判别系统,通过分析煤和岩石的振动频率探测煤岩界面。安装在采煤机摇臂上的声传感器测得的振动频率数据被输送到由电池供电的机载计算机内,经处理后产生反馈信号,通过红外遥测或电缆送回到控制装置。国内的专家学者也依据以上方法对煤岩界面识别技术进行了研究和创新,但由于该技术受地质、环境以及传感器技术的制约一直没有大规模推广应用。目前已经有成形产品的只有人工 γ 射线技术、记忆截割技术和自然 γ 射线技术,其他技术皆因环境适应性等原因没有在现场使用。

1.2.2 综放煤矸混合度识别研究现状

国外煤矿很少使用综放开采技术,在放顶煤煤矸识别方面的研究很少。国内在自动放顶煤研究方面起步较早的是北京天地玛珂电液控制系统有限公司,初步研究是在 2002 年,与德国 MARCO 公司在国内煤矿放顶煤工作面分别对顶煤放落过程的视频和音频数据进行了采集,使用 FFT(快速傅立叶变换法)方法对所采集的数据进行了频谱分析,并于 2003 年下半年提出振动信号煤矸识别法来控制放煤口的动作,即利用煤和矸石在下落过程中对掩护梁或者刮板输送机冲击的声音频谱的不同来判断混合物中矸石存在与否。这种方法对于信号采集器周围的动作有一定的有效性,但是对于距离信号采集器较远的敲击,或者对于沿着掩护梁滑落的矸石信号就有了限制性,监测效果甚微。

也是在 2002 年,山东科技大学王增才老师等也开始对放顶煤自动控制煤矸识别技术进行了研究。早在其博士论文里他就已经提出矸石与煤中存在自然 γ 射线,并利用它们之间强度的差异进行采煤机自动割煤控制研究。在自动放顶煤方面,王增才老师试图通过该方式区分放煤口的煤和矸石,研究分析了煤矸自然 γ 射线分布特征以及该方法的可行性,对动态煤矸混合物监测适用性进行了详细研究。之后他又进行了一些地面模拟试验,试图说明这种方法是可行的。但是由于射线采集探头过小,采集面不带有普遍性,在设计理念上无法达到实时识别的效果,而且对干扰无法进行正确的甄别。

2004 年,西安科技大学马宪民教授利用煤和矸石图像数字特征对煤矸进行识别,通过对原始图像的数字平滑滤波、图像边缘加强和分割等一系列方式,研究了煤、矸的灰度直方图特征,试图将放煤口处混杂在混合物中的矸石区分出来。太原科技大学贾志刚等利用 CCD 摄像头对煤炭输送带进行监测,通过图像电子采集卡,将拍摄的放煤过程图像转移到电子计算机,通过计算机程序对图像进行处理分析,试图区分煤块和矸石。不断有学者和专家在图像识别方面进行研究。通过图像方法进行煤矸识别主要是利用灰度原理。光线照射在物体上时,反射光线的波长因物体性质的不同而产生变化,反映在数字图像上就是灰度的概率分布不同。煤炭呈黑色,质地松软;而矸石颜色较淡,质地较硬。根据煤和矸石对光线的反射效果和波长的不同,煤和矸石的灰度的概率分布不同。煤块只在反光处灰度级别较高,其他部分灰度级别较低。而矸石一般灰度级别都比较高。根据这一原理,在识别时,将摄像头拍到的实际的煤与矸石的灰度等级与计算机所存的样品煤与矸石的灰度等级相比较,即可以将煤和矸石分离开来。但是,由于工作环境粉尘较大,在对连续图像的选取过程中,摄像头会在很短的时间内就被煤尘所掩盖,而且监测范围有限,对于监测范围之外的情况无法判断。

2005年,哈尔滨工业大学于师建老师等对顶煤厚度探测信号进行了小波多分辨率分析研究。

2006年,山东工商学院张守祥老师等到煤矿放顶煤工作面,对放顶煤过程的声音进行采集。其对采集到的声音信号作数字处理,通过滤波技术降低周围环境的噪声影响,将降噪之后的数字信号通过短时窗技术处理,通过对特征加凯塞窗处理来提高其分辨率,通过傅立叶变换得到信号的频谱特征。

2007年,山东工商学院张守祥老师等提出通过Hilbert-Huang变换技术对综采放顶煤工作面所采集到的煤和矸石敲击掩护梁和刮板输送机的振动信号进行Hilbert谱分析和经验模态分解。

2009年,华北科技学院李旭老师等基于小波包、差分-小波奇异性等研究放顶煤过程中的振动信号差异对煤矸混合度进行区分。山东大学的马瑞等也在小波包理论分析方面进行了研究。

2010年,王增才老师提出采用小波包理论分析顶煤放落过程中的声波信号来对煤矸进行识别。在声音频谱煤矸识别方面,使用的方法比较多,采集声音信号基本上都是通过声音振动采集器,只是传感器型号有所差异。而在后期的混合信号分离处理方面,方法很多,比如独立分量分析法、经验模态分解方法、傅立叶变换、小波变换、Hilbert-Huang变换技术等。由于工作面噪声比较大,后期的分离处理过程难度比较大,目前尚没有有效的声波频谱分离处理方法。

2011年,辽宁工程技术大学的张国军等通过获取顶煤放落过程的图像并提取其灰度直方图,进行放落过程的煤矸识别。同年,中国矿业大学(北京)的刘伟等运用经典时域、频域分析及时频联合分析方法提取煤矸振动信号的时频域特征,进行煤矸界面识别。

2012年,山东大学王保平对放煤过程中尾梁的振动进行了理论建模及分析,以解决煤矸界面自动识别的问题。

2013年,北京天地玛珂电液控制系统有限公司基于对放煤过程中振动与声压信号的分析,申请了煤岩界面识别处理器及识别方法的专利,并对相关设备进行了研发。

2014年,中国矿业大学(北京)的朱世刚研究分析了综放工作面顶煤放落不同阶段的振动、声音和图像信号的时频域特征,探索综放工作面煤岩性状的识别理论依据。

2009年,中国矿业大学刘长友教授课题组进行了近红外对放煤口煤矸混合堆中的矸石识别研究,但是近红外的处理需要精密仪器,而且对环境的要求比较高,难以进行现场应用。2010年,在上述研究的基础上,该团队利用双能γ射线技术研究了放煤口煤矸自动识别问题,将人工放射源和放射性探测器安放在支架下方。人工放射源放出的射线直接穿透被测物被探测器接收,测量原理见图1-2。

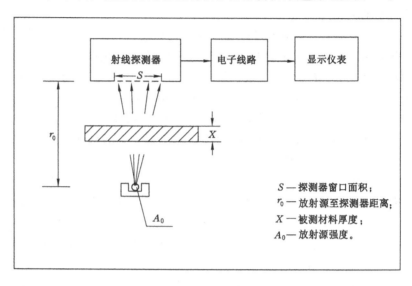

S — 探测器窗口面积;
r_0 — 放射源至探测器距离;
X — 被测材料厚度;
A_0 — 放射源强度。

图 1-2　主动射线法测量原理

双能 γ 射线煤矸自动识别利用双能 γ 射线穿透煤矸混合物时与煤矸发生作用强度衰减的特征,根据 γ 射线穿透煤矸混合物时的衰减规律对煤矸混合度进行判定。通过研究建立了双能透射煤矸混合模型,推导出了双能 γ 射线在煤矸混合体中的衰减规律及煤矸混合体灰分-含矸量换算公式,并利用选煤厂同源 LB420 型在线测灰仪进行了大量的试验测试,证明了该方法可行。图 1-3 所示为双能 γ 射线煤矸自动识别试验。

(a)　　　　　　　　　　　　　　(b)

图 1-3　双能 γ 射线煤矸自动识别试验

在已有研究的基础上,笔者通过调研和对传感器的研究以及现场测试,认为通过探测矸石中自然射线的辐射来进行煤矸识别并实时显示是可行的。自然射线煤矸自动识别技术是通过探测放煤口放出物中一些天然放射性物质所发出的 γ 射线量来确定含矸量的,沉积形成的地层中都有这种放射性物质,相对来说,煤层中的含量较少,而岩层中的含量较大,岩层中的辐射强度是煤层中的 20 倍以上。也就是说,矸石和煤的放射性物质含量差异比较大,可以通过对煤矸混合物辐射量变化的测量来判断混入矸石的量。

煤岩层中存在的放射性核素主要是铀、钍、锕系蜕变形成的核素和铷、钾等放射性核素。岩石中这些放射性核素的分布受到沉积环境的影响,故不同沉积环境下形成的地层的辐射强度不一,从辐射强度的角度可以将沉积岩分成下面几种类型。

(1)具有强放射性的沉积岩:强放射性沉积岩的深海相泥质沉积物含量较多。深海相泥质沉积物包括泥质页岩、钾盐、黑色沥青质黏土、泥质粉砂岩、红色黏土等。该类岩石所占比例约为 20%。

(2)具有中等放射性的沉积岩:该类沉积岩的陆相和浅海相沉积物含量较多。陆相和浅海相沉积物包括泥灰岩、砂质泥岩、黏土砂岩和泥质石灰岩等,含量一般为 $5.0 \times 10^{-12} \sim 3.0 \times 10^{-11}$ 克镭当量/克。煤矿顶底板多是中等放射性的沉积岩,该类岩石所占比例约为 35%。

(3)具有较弱放射性的沉积岩:该类岩石的放射性物质含量少,如灰质砂岩、砂岩和白云岩等,部分煤矿顶底板属于这类沉积岩。

(4)放射性最弱的沉积岩:该类岩石放射性物质含量最低,如不含钾的盐岩、硬石膏、煤等。

沉积岩放射性核素含量对比见图 1-4。由图 1-4 可知,放射性核素含量最高的是钾盐,泥质页岩、泥质灰岩、泥质砂岩等放射性核素含量是煤的 10 倍左右,具有中等放射强度的灰质砂岩的放射性核素含量也是煤的 5 倍左右。因此,通过对煤矸混合物辐射强度的测定得到混合物中矸石的含量是具有一定的可行性的。

据此,采用尺寸为 $\phi 100$ mm$\times 100$ mm 的 NaI 晶体探测器对煤和矸石样品的辐射进行探测,如图 1-5 所示。

虽然矸石和煤的辐射强度差异较大,但矸石的辐射强度水平仍较低,所采用的 $\phi 100$ mm$\times 100$ mm 的 NaI 晶体探测器对其测量时得到的辐射计数(每秒计数)很小,加之受到本底涨落规律的影响,数据漂移量很大,无法满足实时探测显示的需要。由于 NaI 晶体制备工艺复杂,价格昂贵且遇水易潮解,耐辐照性能较差,因而我们开始寻找能够满足低水平矸石辐射强度探测、容易制

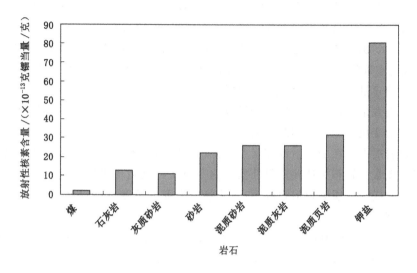

图 1-4   沉积岩放射性核素含量对比图

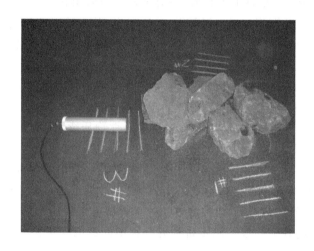

图 1-5   大块矸石自然辐射测试

备、价格低廉且环境适应性强的材料,同时在后期处理过程中改进算法,以期还原信号的真实性。

2011 年,中国矿业大学刘长友教授课题组开展"厚煤层放顶煤煤矸自动识别技术基础研究"项目的研究,研究得出了利用自然 γ 射线技术进行综放工作面煤矸自动识别的方法,提出了实现煤矸自动识别的技术途径,并进行了煤矸自动识别技术的产品试制和现场检测分析,该项目成果为进一步深入研究奠定了基础。

由上述煤矸动态识别技术的发展历程以及目前国内外研究的动态可见,煤矸自动识别技术是综放自动化开采技术突破的关键,也是进一步提高综放开采顶煤回收率的迫切要求,但该研究尚处于基础研究阶段,目前国内外还没有成熟的煤矸自动识别装备研究成果与应用。本书研究的目的,就是要解决综放开采中迫切需要解决的瓶颈和基础理论问题,力求为现场提供一种简单、可靠、实用的技术,为综放工作面的安全高效生产提供可靠保障。

随着科学技术的高速发展,新技术、新方法、新材料的不断应用,微电子和计算机技术进一步普及,煤矿机电系统的发展有了更加便利的条件。精度更高、更可靠的传感器以及更加智能准确的分析方法将为煤矸自动识别技术带来新的发展,因此,综采放顶煤全工作面自动化将是今后发展的趋势。

1.2.3　存在的问题

总结上述前人关于综放开采煤矸自动识别技术的研究成果,主要存在以下问题:

(1)目前声波及振动等识别方法使用较多,但多受环境干扰较大而无法做到真实预测放煤口矸石混入情况。

(2)在自然射线煤矸识别技术方面的研究相对较少,已有研究没有对放射性核素在煤和顶板中沉积赋存特征进行分析,且受识别精度等影响目前没有应用于现场。

(3)综放开采顶煤放出过程中放煤口煤矸流中矸石比例的变化与混矸规律对关窗时机的选择指导缺乏基础理论的支撑。

(4)国内目前没有完整的煤矸自动识别试验研究平台。

1.3　主要研究内容

(1)厚煤层煤岩沉积赋存特性研究

分析厚煤层煤岩的沉积赋存特性,确定顶板岩层中放射性核素的成因、沉积特征及分布规律,测试我国典型矿区煤岩层的辐射强度特征,分析采用自然射线法进行煤矸识别的条件和特征量。

(2)煤矸自动识别试验系统研制

分析自然射线法煤矸自动识别原理,确定研制煤矸自动识别试验系统的意义,设计试验平台规格参数及实现模拟现场试验的方法,分析确定合理的探测材料、性能及规格尺寸,研究煤矸放落数据的信号处理及实时显示技术,形成综放工作面放煤口煤矸自动识别试验研究体系。

（3）煤矸识别方法和技术指标研究

提出煤矸识别的方法和技术途径，研究煤矸低水平放射涨落特征，分析自然射线煤矸识别技术影响因素，确定基于煤岩沉积赋存特性的自然射线技术进行煤矸识别的指标体系和临界值，研制适合我国煤矿综放工作面使用的具有自主知识产权的煤矸自动识别系统。

1.4 研究方法与技术路线

1.4.1 研究方法

由于煤层和顶板岩层的沉积赋存环境不同，其自然辐射强度有差异，因此，通过分析研究我国典型矿区，包括兖州矿区、大同矿区、潞安矿区、龙口矿区、平朔矿区和伊泰矿区等厚煤层不同种类煤层和顶板岩性的赋存环境及沉积特性，测试分析其自然辐射强度，进而分析煤、岩不同辐射特征和辐射差异，确定不同岩性和不同成岩年代煤岩层的辐射特征差异，建立煤矸识别的指标体系和特征值，可为研究综放开采煤矸自动识别提供有效的方法和技术途径。

调研分析目前国内外探测材料的发展情况，研究不同探测材料及尺寸的探测特点及适用范围，确定适宜对煤矸低水平放射性辐射探测的探测材料。构建基于放顶煤现场情况的实验室试验模型，为煤矸识别技术的实验室试验奠定基础。

拟采用理论分析、现场调研和实验室试验相结合的方式进行研究。

1.4.2 技术路线

（1）现场调研及测试分析

对我国典型综放开采矿区，包括兖州矿区、大同矿区、潞安矿区、平朔矿区、龙口矿区和伊泰矿区等综放工作面煤岩沉积赋存特性进行调研、取样，在设计制作的样品探测平台上进行测试分析。

（2）理论研究与试验系统设计

分析厚煤层煤岩沉积赋存特性，确定顶板岩层中放射性核素的成因、沉积特征及分布规律，提出煤矸识别的方法和技术途径，研究煤矸低水平放射涨落特征，分析自然射线煤矸识别技术影响因素，确定辐射强度与混矸率之间的关系，研究合理的数据实时处理、显示方法。在理论和关键技术研究的基础上，设计综放开采煤矸自动识别试验系统，构建实验室模拟试验平台。

（3）实验室试验研究

分析我国典型矿区煤矸辐射强度特征，测试本底计数统计涨落、探测距离、厚度、温度、湿度等对探测效果的影响，验证理论计算得到的饱和探测厚度阈值及强度与混矸率关系曲线，进行放顶煤煤矸自动识别模拟试验，验证试验系统对煤流中矸石混入的响应情况及实时显示判断能力，分析确定煤矸流动过程中的煤矸识别特征参量和特征值，确立煤矸识别的指标体系和临界值。

2 沉积煤岩层中放射性核素的分布特征

含煤岩系是指一套连续沉积的含有煤或煤层的沉积岩层或地层,也简称煤系。自然界中各种岩石都含有一定数量的放射性核素,含煤岩系同样具有这一性质。放射性物质在顶板及煤中的分布规律与含量因环境等因素的不同而发生变化,故而有必要对我国综放工作面煤与矸中放射性矿物的成因及沉积分布特征进行研究,从而为确定自然射线煤矸自动识别技术在我国放顶煤工作面的适用范围及识别特征提供依据。

2.1 我国的主要聚煤期及聚煤区特点

2.1.1 煤的沉积环境

泥炭是成煤的物质基础,由植物遗体未被全部氧化分解堆积演化而成,这需要特定的条件,即需要大量植物长时间持续生长且能够正常保存下来,沼泽等地能够提供这种可能条件。根据水介质中含盐的多少可以将沼泽划分为咸水沼泽、半咸水沼泽和淡水沼泽,一般来说咸水与半咸水沼泽发育于滨海,而淡水沼泽则处于内陆地区。

2.1.2 我国的成煤时期

我国的煤炭资源主要在六个不同的地质时期形成,具体如表 2-1 所示。

表 2-1　煤炭资源形成时期及储量比

地质时期	石炭-早中二叠纪	晚二叠纪	晚三叠纪	侏罗纪	早白垩纪	古近纪、新近纪
距今时间/亿年	3.20~2.78	2.64~2.50	2.27~2.05	2.05~1.59	1.42~0.99	0.655~0.018
储量比/%	38.0	7.5	0.4	39.6	12.2	2.3

2.1.3　我国主要的含煤岩系

我国主要的含煤岩系如下:

① 石炭-早中二叠纪煤系:该煤系主要分布于我国的华北地区,属于该煤系的有山西大同煤田、河南焦作煤田及平顶山煤田、河北开滦煤田、山东兖州煤田及淄博煤田、安徽淮南煤田等。

② 晚二叠纪煤系:该煤系主要存在于我国华南地区,且均属于近海型煤系,比如贵州的六盘水煤田、湖南的涟邵煤田及郴州煤田,还有江西的乐平煤田。

③ 早-中侏罗纪煤系:该煤系主要分布于我国西北和华北地区,包含该煤系的有辽西北票煤田、鄂尔多斯煤田、新疆准噶尔煤田、北京京西煤田、甘肃窑街煤田和山西大同煤田等。该煤系属于内陆型煤系。

④ 晚侏罗-早白垩纪煤系:东北地区及内蒙古东部地区是该煤系的主要分布地区,除黑龙江东部存在部分近海型煤系外,其余均为内陆型煤系。该煤系的煤田有双鸭山煤田、鸡西煤田、胜利煤田、霍林河煤田、阜新煤田以及伊敏煤田等。

⑤ 古近纪、新近纪煤系:该煤系主要分布地在东北和西南,如云南的昭通煤田和小龙潭煤田、吉林的梅河煤田、辽宁的抚顺煤田、广西的百色煤田和南宁煤田。

一般根据含煤岩系生成时期的古地理条件,可将其分为以下 3 种类型:

① 浅海型含煤岩系:该煤系生成环境为浅海陆架环境,不发育陆相及海陆过渡相地层,仅含腐泥煤层,岩性岩相侧向稳定,如我国南方早古生代的含煤岩系。

② 近海型含煤岩系:该煤系生成于海岸带附近,煤系中可以有海陆过渡相地层,也可以有陆相及浅海相地层。煤层层数多,厚度通常较小,岩性岩相侧向较为稳定。

③ 内陆型含煤岩系:该煤系形成于古陆内部,与海洋完全隔绝,无海相及海陆过渡相地层。煤层层数较少,煤层厚度变化大,分叉变薄及尖灭现象普遍,但往往有厚煤层发育,岩性岩相侧向变化大。

2.1.4　我国的主要矿区及分布

我国 6 个主要成煤时期中,目前已探明地质储量较大的煤田如表 2-2 所示。

表 2-2　我国已探明地质储量较大的煤田

成煤时期	煤　田
石炭-早中二叠纪	大同煤田、沁水煤田、宁东煤田、宁武煤田、西山煤田、霍西煤田、淮南煤田、徐州煤田、淮北煤田、河东煤田、禹州煤田、焦作煤田、平顶山煤田、新密煤田、永夏煤田、京西煤田、兖州煤田、滕州煤田、济宁煤田、黄河北煤田、巨野煤田、开滦煤田、邯邢煤田、桌子山煤田、准格尔煤田、渭北煤田、贺兰山煤田
晚二叠纪	筠连煤田、黔北煤田、古叙煤田、织纳煤田、恩洪煤田、兴义煤田、六盘水煤田、老厂煤田
晚三叠纪	陕北三叠纪煤田
侏罗纪	大同煤田、宁武煤田、宁东煤田、伊犁煤田、神府东胜煤田、木里煤田、贺兰山煤田、蔚县煤田、华亭煤田、吐哈煤田、准东煤田、淮南煤田、黄陇煤田、塔北煤田
早白垩纪	铁法煤田、双鸭山煤田、鸡西煤田、七台河煤田、鹤岗煤田、宝日希勒煤田、大雁煤田、伊敏煤田、红花尔基煤田、伊敏五牧场煤田、霍林河煤田、呼和诺尔煤田、白音华煤田、乌尼特煤田、白音乌拉煤田、胜利煤田
古近纪、新近纪	龙口煤田、昭通煤田、宝清煤田

2.2　天然放射性核素

天然放射性核素在星际活动诸如大爆炸的过程中形成并存在,在形成地球的过程中就来到地球,目前自然界中存在铀、锕和钍三个天然的放射性系列以及一些不成系列的放射性核素,铀、锕和钍三个天然的放射性系列分布简称为铀系、锕系和钍系,见图 2-1。

元素 $^{238}_{92}U$ 是铀系的起始核素,其半衰期为 4.49×10^9 a;元素 $^{235}_{92}U$ 是锕系的起始核素,其半衰期为 7.13×10^8 a;而钍系的起始核素则是 $^{232}_{90}Th$,其半衰期为 1.39×10^{10} a,其原子从出现一直存留到现在。其中锕系和铀系是共生存在的, $^{238}_{92}U$ 的丰度为 99.27%,而 $^{235}_{92}U$ 的丰度仅为 0.72%,通常认为锕系对岩石的放射性贡献可以忽略。

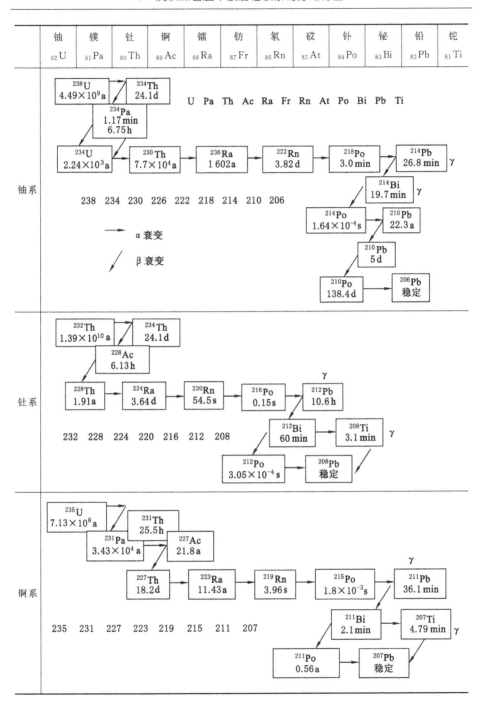

图 2-1　三种天然放射性系列衰变图

目前已经确定在自然界中存在的不成系列的放射性核素有几百种,这些不成系列的放射性核素历经一次衰变即变成稳定核素,但它们的半衰期长短不一,有的只有几秒,有的甚至长达几亿年。自然存在的不成系列的放射性核素含量很少,能够对放射性测量造成影响的仅仅是 $^{40}_{19}K$,其半衰期为 1.4×10^9 a,钾属于造岩核素。表 2-3 列出了自然界中部分不成系列的放射性核素及其性质。

表 2-3 不成系列的天然放射性核素

核素名称	半衰期$(T)/a$	能量/MeV	
		粒子	γ 射线
钾	1.415×10^9	1.325	1.46
钙	$\geqslant 10^{21}$	—	—
钒	4.7×10^{10}	0.272	—
锆	$>5 \times 10^{17}$	—	—
^{113}铟	$>10^{14}$	—	—
^{115}铟	5.1×10^{14}	0.480	—
锡	$>1.5 \times 10^{17}$	—	—
碲	8.3×10^{20}	—	—
镧	1.04×10^{21}	0.205	—
钐	1.05×10^4	2.1	—
镥	5.0×10^{10}	0.425	—
钨	$>9 \times 10^{14}$	—	—
铼	4.3×10^{10}	0.03	—
铋	$>2 \times 10^{15}$	—	—

在核素发生衰变的过程中会产生具有一定能量的 γ 光子,不同的核素衰变时产生的 γ 光子具有不同的能量。当 γ 光子的能量小于 100 keV 时,容易被周围物质所吸收,因而在计数探测的过程中难以捕捉。能够在衰变过程中产生能量大于 100 keV 光子的核素仅有三类,现将它们列于表 2-4 中。

表 2-4   几种天然放射性物质的特性

核素	核素衰变次数/[次/(g·s)]	核素每次衰变产生的光子数/个	平均光子能量/MeV
U	1.23×10^4	2.24	0.80
Th	4.02×10^3	2.51	0.93
K	31.3	0.11	1.46

2.3   沉积岩中天然放射性核素沉积特征

沉积岩在地球上分布广泛,其形成原因有如下几种:

(1) 冰和风等大自然力量的作用;

(2) 沉积物在水体下发生机械或化学沉淀;

(3) 地球上其他岩石因风化后再沉积;

(4) 沉积岩生成之后在温度、压力等作用下再次发生变化。

从分布上来说,沉积岩中各类岩石所占比例由多到少分别是黏土岩、砂岩和石灰岩,具体见表 2-5。

表 2-5   常见的几类沉积岩分布的百分比

岩 石	根据现代沉积物计算的质量百分比(克拉克,1924)	根据各地实测剖面厚度计算的质量百分比(克雷宁,1943)
黏土岩	80	40~43
砂岩	15	40
石灰岩	5	15~18

通过 2.1 节的研究可以知道,能够被探测到的天然放射性核素主要是铀、钍和钾三类,它们既可以作为矿物的化学组成成分,又可以作为矿物的杂质或吸附物,晶质铀矿、方钍石、钍石等矿物的组成成分中就含有放射性核素,而黏土矿物、锆石、方解石等矿物中的放射性核素就是以吸附物的形式存在的。综放开采自然 γ 射线煤矸识别技术应用之前必须弄清沉积岩中放射性核素的分布特征。因而,下面将研究沉积岩特别是煤矿顶板沉积岩中放射性核素的成因、存在形式及分布特征。

2.3.1 沉积岩中放射性核素矿物的成因

岩石中放射性核素的成因及存在方式一般有以下三种：

① 作为吸附物吸附于岩石中；

② 作为岩石成岩物质的化学组成成分；

③ 作为杂质与岩石成岩物质混合在一起。

故而自然界的岩石普遍具有辐射特性，只是放射强度差异较大。沉积岩中放射性核素矿物主要有四种成因类型：

① 作为沉积岩的成岩矿物，如黄铁矿；

② 残留矿物，在大自然的风化和搬运等作用过程中存留下来的早期矿物，如各种重矿物的碎屑等；

③ 在沉积岩形成的过程中产生的具有吸附性的矿物；

④ 在氧化带与风化带生成的新的矿物。

2.3.2 放射性核素在沉积岩中的分布规律

对于综放开采自然射线煤矸识别技术来说，起主导作用的是煤层的直接顶，所以这里主要研究厚及特厚煤层的顶板沉积特征，分析其自然辐射强度特征。

对沉积岩中放射性核素的含量及分布产生影响的因素有：沉积物的来源、沉积岩的成分与结构、沉积条件与沉积环境、母岩的放射性核素含量、放射性核素的存在时间、沉积物的粒度及与原始位置的距离等。即岩石中放射性核素的丰度受生成的方式、地点及时间等因素的影响，对于自然界的岩石，其中放射性核素的分布具有如下规律：

① 同类岩石或同类矿物，其放射性核素的丰度相近；

② 不同类岩石或不同类矿物，其放射性核素的丰度差异很大。

以上规律具有统计特性，客观存在，在这里用作自然 γ 射线煤矸识别技术的基础。

对于沉积岩来说，其中放射性核素的含量具有如下特征：

① 正常情况下，内陆型湖或河水中的放射性核素含量较海水低，故而近海型煤系中顶板岩石放射性核素的含量大于内陆型煤系。

② 通常来说，矿物质中的放射性核素的含量随其吸附能力的增强而增大，泥质与有机质都具有很好的吸附性，因此沉积岩的放射性核素含量与其泥质和有机质的含量直接相关。在物质来源和沉积环境相同的情况下，沉积物

的粒度对其吸附能力也有很大的影响,粒度越细,沉积岩相同体积情况下的表面积越大,吸附能力越强。对于岩粒本身不含放射性核素的沉积岩,则存在这样的规律:砾岩、砂岩、粉砂岩到泥岩,其γ射线强度随粒度的减小而递增,随泥质含量的增加而增高。

③ 随着钾盐等成岩矿物含量的增加而增加。

④ 因放射性核素具有自发衰变这一特性,随着时间的推移,岩石中的放射性核素的辐射强度逐渐减小。

⑤ 在沉积岩发生硅化、石膏化、碳酸盐化、白云岩化或黄铁矿化的情况时,其辐射强度将明显减弱。

⑥ 对于正常沉积情况下的沉积区域,煤以及硅质结核沉积、纯化学沉积和纯石英砂沉积等沉积岩的放射性核素含量最低。

综上所述,对于煤矿顶板来说,不同的沉积岩具有不同的放射特征,其中的铀、钍、钾的含量相差也很大,顶板中放射性核素含量主要与沉积物的粒度、沉积环境内有机物质的数量、沉积环境、沉积条件、沉积时间等因素有关。其中,具有以下一般性规律:

① 同种类岩石,放射性核素含量相近;非同类岩石,其放射性核素含量差别较大。

② 在含煤岩系中,放射强度最低的是煤,而砾岩、粗砂岩、中砂岩、细砂岩、粉砂岩、砂质泥岩、页岩及泥岩放射性总体上逐渐增强(见表2-6)。成岩物质粒度越小,含泥量越大,辐射性越强。

表 2-6　不同煤田的含煤地层中各岩层的平均 γ 射线强度

煤田名称	平均 γ 射线强度									
	煤层	灰岩	砾岩	粗砂岩	中砂岩	细砂岩	粉砂岩	砂质泥岩	泥岩	铝土
峰峰煤田某井田	5	8	—	—	13	18	23	33	33	38
峰峰煤田某井田	6	7	—	9	12	15	28	35	35	45
开滦煤田某井田	6	—	—	9	11	16	29	59.4	59.4	124
门头沟煤田某井田	5	—	7	9	11	15	20	—	—	—
淮南煤田某井田	7	8	—	15	17	19	32	36	36	38
双鸭山煤田某井田	6	—	10	9	11	13	17	27	27	—
XS煤田某井田	5	—	9	14	17	24	28	37	37	48
QS煤田某井田	7	10	—	15	18	25	28	60	60	180

③ 内陆型顶板岩石辐射性小于近海型顶板岩石辐射性。近海型沉积岩层中含沥青质的泥岩、磷块岩及有机质，在沉积的过程中可有效地吸附放射性核素，因而其辐射性一般大于内陆型岩层。

④ 成煤时间越短，顶板辐射性越强。厚的煤层大多是变质程度低的褐煤，其顶板形成时间晚于烟煤及无烟煤，所以其顶板辐射性相对来说强一些。故而对于同类顶板岩石，其形成时间越短，辐射强度越大，这对自然射线煤矸识别技术的应用是有利的（见表 2-7）。

表 2-7　两个煤田不同时代沉积岩的 γ 射线强度

煤田名称	地层	γ 射线强度			
		砂质泥岩	粉砂岩	细砂岩	中粒砂岩
峰峰煤田 某井田	石盒子组	22～25	18～22	12～18	8～12
	含煤地层	25～29	21～25	15～21	10～15
双鸭山煤田 某井田	古近系、新近系	14～16	13～14	10～13	8～10
	侏罗系	20～21.5	14.5～20	12.5～14.5	10.5～12.5

⑤ 对于含有钾盐等成岩矿物的沉积岩，其辐射性较强。在对煤层顶板辐射性进行测定时，需要先测定其成岩矿物的成分，以方便辨别其天然辐射的来源（见图 2-2 和表 2-8）。

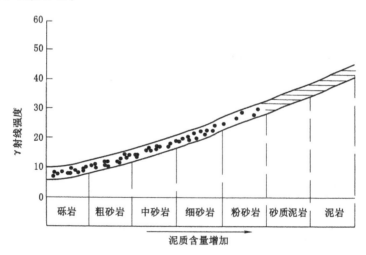

图 2-2　某煤田某矿区用 γ 射线强度解释地层的量板

表 2-8　各种沉积岩中铀、钍、钾的含量及钍铀含量比值

岩石类别	岩石名称	U/(×10⁻⁶)	Th/(×10⁻⁶)	K/%	Th/U
沉积岩	页岩、黏土岩	4.0	11.0	3.2	2.8
	砂岩、粉砂岩	3.0	10.0	1.2	3.3
	砾岩	2.4	9.0	—	3.8
	石灰岩	1.4	1.8	0.3	1.3
	石膏、硬石膏、盐岩	0.1	0.4	0.1	0.4

2.4　典型厚煤层矿区煤岩层的辐射特征分析

通过以上分析可以知道,沉积岩的放射性核素含量与黏土矿物的含量、形成时间、沉积区域环境等因素有关,为此,选取具有代表性的典型矿区如东胜、大同、兖州、朔州和龙口矿区,对其厚及特厚煤层的煤及顶板岩层的辐射特征进行分析研究。

2.4.1　我国特厚煤层综放工作面顶板岩性特征

我国煤系中的沉积岩的沉积具有以下特征:

(1) 泥质沉积岩在井田内含量很高,其中的黏土矿物主要是伊利石、高岭石和蒙脱石,有时含有少量的埃洛石等。

(2) 粉砂岩在井田中也占有很大的比例,在井田中泥岩通常与粉砂岩共生或成互层状,甚至互相转化。长石石英粉砂岩和石英粉砂岩是粉砂岩的两种主要类型。

(3) 砂岩在煤系中以中-细砂岩的存在形式为主,中粗-含砾砂岩的存在形式亦存在,煤系中的砂岩粒度和成分成熟度均较低,常见的砂岩有岩屑石英砂岩和长石石英砂岩。

根据知网文献资料统计我国 94 个矿井综放工作面直接顶岩性,其分布情况见表 2-9。

表 2-9　综放工作面直接顶岩性分布情况

岩性	泥岩				页岩		砂岩				砾岩	石灰岩
	泥岩	砂质泥岩	碳质泥岩	含油泥岩	砂质页岩	含油页岩	粉砂岩	细砂岩	中砂岩	粗砂岩		
数量/个	55				6		29				1	3
	28	18	7	2	4	2	15	5	6	3		

在统计表 2-9 的过程中发现,单一岩性直接顶较少,通常是 2~3 种岩石复合在一起,这里按照主要成分统计。根据表 2-9 绘制图 2-3。

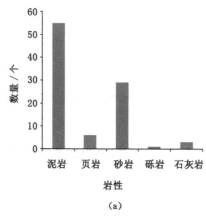

（a）

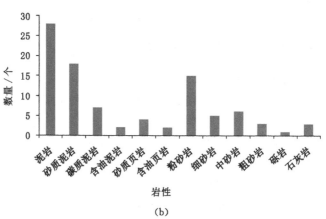

（b）

图 2-3　综放工作面直接顶岩性分布情况

由表 2-9 及图 2-3 可以看出,在统计的 94 个工作面中,其顶板岩性以泥岩最多,占整个统计数据的 58.5％,其次是砂岩,占整体的 30.9％,砾岩及石灰岩直接顶极少。在砂岩中,以颗粒较细的粉砂岩为主,占砂岩的 51.7％。

2.4.2　调研矿区的成煤时期及顶板岩性特征

根据以上研究分析,确定调研石炭二叠纪、侏罗纪和古近纪、新近纪的煤系。取样:顶板岩石 200 kg,顶煤 100 kg。

石炭二叠纪:大同煤田、兖州煤田;侏罗纪:神府东胜煤田;古近纪、新近纪:龙口煤田。见表 2-10。

表 2-10 顶板岩性统计表

矿井	酸刺沟煤矿	同忻煤矿	忻州窑煤矿	平朔井工二矿	兴隆庄煤矿	南屯煤矿	北皂煤矿
煤炭种类	暗煤	半亮煤	亮煤	半亮半暗煤	半亮煤	暗煤	褐煤
顶板岩性	砂质泥岩	细砂岩	砂质页岩	粗砂岩	粉砂岩	粉砂岩	含油泥岩

2.4.3 煤及顶板样品辐射特征

对调研矿井煤样和顶板岩石样品的辐射特征进行测定,记录于表 2-11,如图 2-4 所示。

表 2-11 调研矿井综放面煤岩样品辐射特征

成岩时期	石炭纪				二叠纪		古近纪、新近纪
矿井	酸刺沟煤矿	同忻煤矿	忻州窑煤矿	平朔井工二矿	兴隆庄煤矿	南屯煤矿	北皂煤矿
煤炭种类	暗煤	半亮煤	亮煤	半亮半暗煤	半亮煤	暗煤	褐煤
煤辐射强度 /[cps/(kg·s)]	0	0	0.577 5	0.374 75	0	0.391	0.525 5
顶板岩性	砂质泥岩	细砂岩	砂质页岩	粗砂岩	粉砂岩	粉砂岩	含油泥岩
矸石辐射强度 /[cps/(kg·s)]	9.7	5.42	7.9	3.31	6.35	6.2	17.67

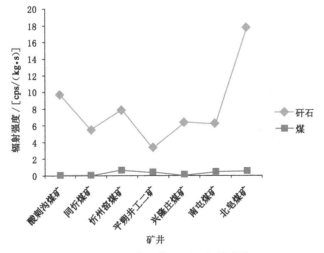

图 2-4 不同煤矿煤和矸石辐射强度

所调研矿井煤岩样品辐射特征如表 2-11 所示，表中酸刺沟、同忻、兴隆庄煤矿三个煤样在测量过程中其对环境本底辐射的屏蔽作用大于自身的贡献，故将其辐射强度定为 0。

从表 2-11 中可以看出，煤样辐射强度普遍较小，甚至小于自身的屏蔽能力，因此在研究的过程中，认为煤的辐射强度为 0。顶板岩石辐射强度相对煤样大很多，但不同岩石之间差异较大，辐射强度平均值为 8.08 cps/(kg·s)，以成岩时间较短的古近纪、新近纪近海型北皂煤矿矸石辐射强度最大，达 17.67 cps/(kg·s)，其顶板岩石为具有较强吸附能力的含油泥岩，故其放射性物质含量较大。平朔井工二矿矸石辐射强度最小，为 3.31 cps/(kg·s)。对于同一时期的不同岩性的顶板岩石，其辐射强度特征与粒度直接相关，粒度越小，辐射强度越大。

来自同一煤田同一层沉积岩层的岩样辐射强度相差不大，表 2-11 中的兖州煤田的兴隆庄煤矿和南屯煤矿的岩样同是粉砂岩，辐射强度相差很小，仅相差 0.15 cps/(kg·s)。同一煤田的不同类岩层的岩样辐射强度相差较大，表 2-11 中来自大同煤田的同忻煤矿和忻州窑煤矿的细砂岩和砂质页岩辐射强度差值达 2.48 cps/(kg·s)。这为综放开采煤矸自动识别技术在使用过程中的辐射强度标定提供了依据。

如图 2-5 和表 2-12 所示，除了兴隆庄煤矿所取岩石辐射特征特殊外，辐射强度整体随矸石粒度的增大而减小，这符合基于粒度吸附能力对辐射强度影响的分析结果。

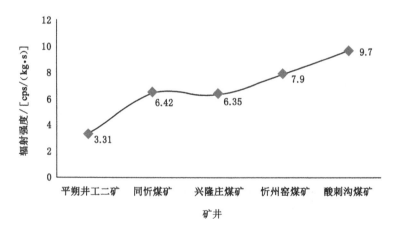

图 2-5　不同粒度矸石辐射特征对比

表 2-12　不同粒度矸石辐射特征对比

岩石成分	粗砂岩	细砂岩	粉砂岩	砂质页岩	砂质泥岩
来源	平朔井工二矿	同忻煤矿	兴隆庄煤矿	忻州窑煤矿	酸刺沟煤矿
辐射强度/[cps/(kg·s)]	3.31	6.42	6.35	7.9	9.7

2.5　小　　结

本章通过对煤岩层中放射性核素的沉积分布特征进行分析及调研,得到如下结论:

(1)自然界中存在几百种天然放射性核素,它们的半衰期从几秒至几亿年,但对煤岩层放射性测量有影响的只有铀、钍和钾。

(2)沉积岩中放射性核素的成因具有多因素性,但在煤岩层中具有一定的分布规律。

(3)内陆型含煤岩系中放射性核素的含量一般小于近海型含煤岩系。

(4)同类岩石,放射性核素含量相近;非同类岩石,其放射性核素含量差别较大。

(5)在含煤岩系中,放射强度最低的是煤,砾岩、粗砂岩、中砂岩、细砂岩、粉砂岩、砂质泥岩、页岩及泥岩放射性逐渐增强。成岩物质粒度越小,含泥量越大,辐射性越强。

(6)成煤时间越短,顶板辐射性越强。厚的煤层大多是变质程度低的褐煤,其顶板形成时间晚于烟煤及无烟煤,故其顶板辐射性相对来说强一些。因此,对于同类顶板岩石而言,其形成时间越短,辐射强度越大,这对自然射线煤矸识别技术的应用是有利的。

3 煤矸自动识别试验系统的研制

综放工作面顶煤放落过程是一个流动的动态过程,煤和矸石是在流动的过程中混合的。在综放工作面放煤口放煤时,无法直接观察架后煤矸混合状态及过程,顶煤和顶板岩石的辐射特征、煤矸识别影响因素及规律的研究必须借助相应的试验平台,以解决顶煤流动状态模拟的问题,同时为综放工作面自然射线煤矸识别技术的适应性及特征值的确定提供支撑。在实验室现有条件下模拟顶煤放落过程有较大难度,因此必须研制煤矸自动识别试验系统。

3.1 自然 γ 射线法煤矸自动识别原理

3.1.1 自然 γ 射线介绍

γ 射线属于电磁波的范畴,其波长很短,具体如图 3-1 所示。γ 射线是在原子核从激发态退激跃迁至基态时产生的,该退激过程与原子质量和原子序数均无任何关系,为同质异能跃迁。

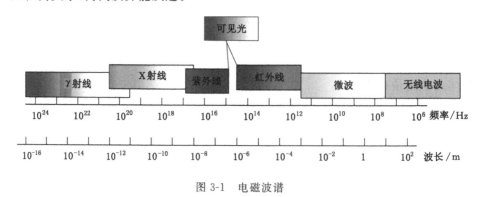

图 3-1 电磁波谱

原子核从激发态退激产生 γ 射线的同时,还会伴生射线,诸如 X 射线与 β 射线,如图 3-2 所示。γ 射线的能量范围一般在 keV～MeV 之间,同其他电磁波一样,γ 射线具有波粒二象性,其静止质量为零且不带电荷,波长很短,故而对物体具有很强的穿透能力。

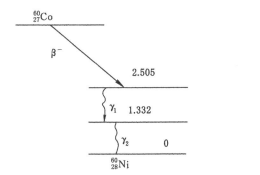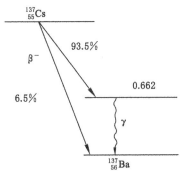

图 3-2　β、γ 射线的衰变图

　　放射性物质衰变时释放出 γ 粒子,有的物质直接从激发态跃迁到基态,有的物质从激发态跃迁到次级激发态再跃迁到基态,这个过程持续 10～13 s,由于各状态的能量是确定的,因而释放出的 γ 粒子的能量也是确定值。

　　γ 射线是电磁波,γ 粒子不带电,与物质作用的过程中,电离作用很小,但会从被照射原子中发出二次电子,虽然数量较少,但因其具有一定的能量,故而能够对周围物质产生影响。γ 射线的穿透能力非常强大,在空气中几乎不衰减,一定能量的 γ 射线甚至能够直接穿透几分米厚的钢板。

　　由于放射性核素处于激发态,其内部原子核不稳定,会自发辐射而衰变成另外一种元素。放射性核素能量与时间呈指数关系,放射性核素的衰变发生与否是随机的,但是长时间大量的核辐射衰变具有统计规律。

　　自然 γ 射线辐照物质时会产生相互作用,会产生以电子对效应、康普顿散射和光电效应为主的一系列效应。在入射 γ 射线能量不同的情况下,以上三种效应的发生条件不同。当 γ 射线的能量小于 1.02 MeV 时,射线与物质的相互作用以康普顿散射效应为主,而当能量大于 1.02 MeV 时,才会有电子对效应发生。即不同能量的 γ 射线与物质发生作用时起主导作用的效应不同,同时,与被辐照物质的原子序数也相关。γ 射线与物质相互作用产生的各种效应的优势区域可以从图 3-3 中看出。

3.1.2　煤矿顶板岩石 γ 射线识别原理及能谱特征

　　自然射线煤矸自动识别法是通过探测放煤口放出物中一些天然放射性物质所发出的 γ 射线量来确定含矸量的,沉积形成的地层中都含有这种放射性物质,相对来说,煤层中的含量较少,而岩层中的含量较大。也就是说,矸石和煤的放

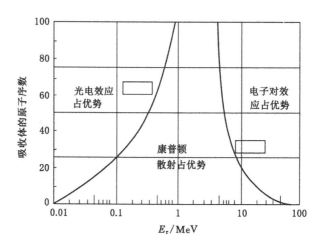

图 3-3　γ 射线与物质相互作用的三种主要方式的优势区域

射性物质含量差异比较大,可以通过对煤矸混合物辐射量变化的测量来判断混入矸石的量。

煤岩层中能够被探测到的天然放射性核素主要是铀、钍和钾,沉积环境和沉积类型对顶板岩石中放射性核素的含量和分布有很大的影响,这是因为不同地层中不同类型沉积岩的辐射强度有区别。煤矿不同类型沉积岩平均辐射强度对比见图 1-4。

由图 1-4 可以看出,煤的放射性物质含量最低,如果考虑松散煤体自身的屏蔽作用,煤的自身放射性完全可忽略不计;钾盐的放射性物质含量最高,砂岩等煤矿常见顶板岩石放射性物质含量是煤的 5 倍以上,差异较大,故通过对煤矸混合物中辐射强度的测定得到混合物中矸石的含量是具有一定的可行性的。

煤矸识别技术是基于测量矸石自然辐射强度而确定煤矸混合流中矸石的含量的,这样所测得的数据不受煤、矸块度的影响,具有非常大的优势。对于放顶煤工作面来说,放煤口的矸石流出整体趋势是从无到有,从少到多,所以可以通过混合流的瞬时辐射量来确定矸石流出的趋势。

图 3-4 是放射性矿物的 γ 射线能谱图,具有以下特征:

(1) 铀、钍系放射出的 γ 射线能量集中在 50 keV 以上,1.3 MeV 以下,且钍系在 2.62 MeV 能量处有一明显的峰值;

(2) 放射性核素钾所辐射出的是具有 1.46 MeV 能量的单能 γ 射线。

测量沉积岩样品得到如图 3-5 所示能谱图,图中钾的能量峰在 1.46 MeV 处,铀的能量峰在 1.76 MeV 及 2.20 MeV 处,钍的能量峰则在 2.62 MeV 处。

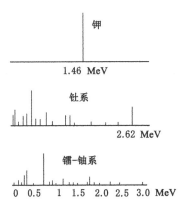

图 3-4 放射性矿物的 γ 射线能谱

由于自然 γ 射线在与物质发生作用时产生的康普顿散射效应,所测得的 γ 射线谱都有一定的共同点:在低能量处有一散射峰,随着能量增大,γ 射线强度呈指数趋势下降,但在铀、钍、钾的三个能量段均有特征值呈现。

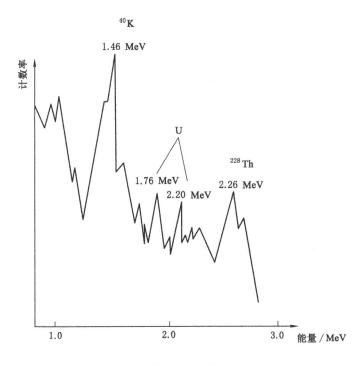

图 3-5 沉积岩 γ 射线能谱

岩石中的天然 γ 射线,属于宽束连续能谱 γ 射线。其能量在 40 keV～3 MeV之间,煤中主要核素含量最大的 C、H、O 原子序数均在 10 以下,与图 3-3 对照可知,天然 γ 射线在穿越煤时发生的作用主要以康普顿散射为主。

通过以上论证可知,对煤矸混合物中自然 γ 射线强度的测量可以得到煤矸混合物中矸石的含量,达到实时自动识别煤矸的目的,进而指导电液控制系统进行开关窗动作,为综放开采自动放顶煤提供核心技术。

3.2　煤矸自动识别试验系统技术指标

煤矸自动识别试验系统由煤矸自动识别试验台和煤矸自然射线测量系统两部分组成。煤矸自动识别试验台主要包括泵站、放煤漏斗、探测器运动承载架、角度调整系统、控制柜、装载平台等部分。煤矸自然射线测量系统包括探测器和分析显示器两部分。

煤矸自动识别试验系统的主要技术指标:

(1) 实现综放工作面放煤过程中放煤口煤矸混合状态的模拟,且模拟支架掩护梁及尾梁动作过程中其角度可以调整;

(2) 能够对刮板输送机运煤状态下的煤矸混合物进行探测,且煤矸混合物与探测器之间的相对运动速度可以调整;

(3) 外形尺寸为 3.5 m×1.5 m×0.6 m(长×宽×高);

(4) 探测器运动承载架可以双向运动且运动速度可调,具有终点自动保护及刹车功能,该承载架可以自由调整探测器高度与角度;

(5) 角度调整系统升举装载平台的最大角度为 60°,精度为 0.1°;

(6) 放煤漏斗口由液压闸板控制;

(7) 探测器量程:0.001～100 μGy/h,本底计数:≥100 cps,灵敏度:1 μGy/h≥1 000 cps,能量阈:35 keV,相对误差:≤±5%,最小采样周期:0.05 s。

3.3　煤矸自动识别试验台

3.3.1　煤矸自动识别试验台的功能

煤矸自动识别试验台主要用于煤矸自动识别的试验研究。该试验台能实现放顶煤煤矸自动识别试验模拟和刮板输送机运送煤矸混合物状态模拟,包括试验中的自动调整掩护梁角度、自动放煤和自动关闭放煤窗口等功能,更加符合现场实际情况,能够对煤矸混合体进行识别并模拟工作面放煤口条件、测量混矸规律。试验台能够安装信号采集设备和放置煤矸混合物,能够调整倾斜角度以模拟液压支架掩护梁的放煤边界条件,角度范围为 0°~65°,精确度为 0.1°;能与信号采集设备一起完成煤矸放落流动过程中的特征值信号采集并进行分析。设备所有动作通过电液控制系统完成,试验数据采集系统由微机自动控制,数据自动采集、实时处理显示并保存。

3.3.2 煤矸自动识别试验台的组成

煤矸自动识别试验台由泵站、放煤漏斗、探测器运动承载架、角度调整系统、控制柜、装载平台等部分组成,如图 3-6 所示。

液压泵站由液压油箱、电机、泵、电磁阀总成四部分组成,液压油箱容积为 200 L,电机功率为 1.5 kW,采用 220 V 电压驱动,通过控制柜的 PLC 指令自动控制电磁阀的开关及方向,电磁阀流量可调。液压泵站如图 3-7 所示。

放煤漏斗的高度为 80 cm,漏斗的两个相连面之间的夹角为 61°,漏斗的容积为 7.5 m³。漏斗的两边分别和工作架的四支架底部通过钢架相连,以固定漏斗。漏斗的一侧有放煤的窗口,放煤窗口的尺寸为 150 cm×90 cm,放煤窗口通过液压油缸和漏斗相连,这样可以通过控制液压油缸的伸缩来控制放煤窗口的开关窗。放煤漏斗如图 3-8 所示。

装载平台采用板钢制作,厚度为 5 mm,尺寸为 3.5 m×1.5 m×0.2 m(长×宽×高),距离地面 0.6 m 且水平。装载平台与固定在地面的试验台底架之间通过后端铰链铰接,前端放置导向杆以防止平台偏离底座。

探测器运动承载架配备高精度步进电机,通过无线遥控器控制信号采集设备装载平台在轨道上的移动,精度为 1 mm,移动平稳,可以沿装载平台两侧导轨电动双向运动且运动速度可调,具有终点自动保护及刹车功能。承载架可以自由调整探测器高度与角度,探测器高度通过液压千斤顶的伸缩来控制,探测器高度调节范围为 0~600 mm,精确度为 5 mm。探测器与承载架之间采用万向节连接,利用角度传感器手动调节探测器的角度与朝向。具体见图 3-9。

角度调整系统利用液压油缸托举装载平台的方式调整装载平台与地面的角度来模拟放顶煤液压支架的掩护梁,液压油缸与装载平台、底座之间采用铰接的方式连接,可以自由转动。角度调整系统升举装载平台的最大角度为 65°,精度为 0.1°,托举液压由液压泵站提供,托举速度可以通过控制电磁阀流量的方式控制。具体见图 3-10。

控制柜为整个试验台的控制部件集成柜,试验台的电源亦集成在控制柜内部。液压泵站的开关、探测器运动承载架的移动速度和方向及探测器高度的调

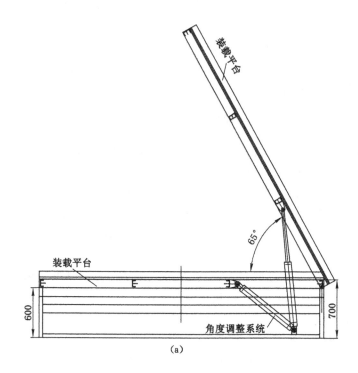

(a)

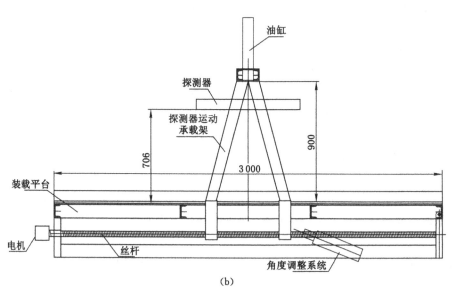

(b)

图 3-6　煤矸自动识别试验台设计图

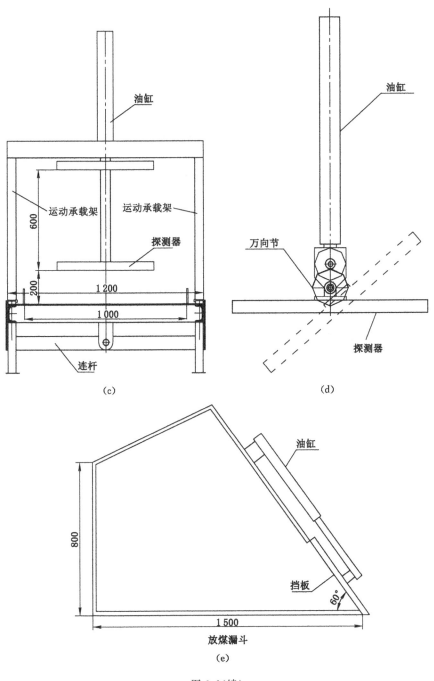

图 3-6(续)

图 3-7　液压泵站

图 3-8　放煤漏斗

图 3-9　煤矸自动识别试验台

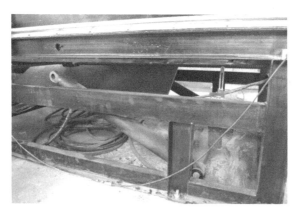

图 3-10　角度调整系统

整、电磁阀的工作方式以及各液压油缸的伸缩动作均通过该控制柜上的触摸控制屏进行操作。具体见图 3-11。

图 3-11　控制柜

　　图 3-12 为煤矸自动识别试验系统的全貌,该试验系统能够完成对放顶煤环境和流程及刮板输送机运输放落煤矸混合物过程的模拟以及混合物中矸石含量的探测并实时显示。

图 3-12　煤矸自动识别试验台及自然射线测量系统全貌

3.4 煤矸自然 γ 射线测量系统

煤矸自然 γ 射线测量系统主要是探测放顶煤过程中放煤口流出的煤矸混合物中矸石所含有的放射性物质的辐射强度,进而达到推断矸石含量的目的。由于顶板岩石属于沉积岩,其中放射性物质含量较少,属于低水平辐射,这给探测带来困难,因此对探测器的合理选型设计尤为重要。

3.4.1 探测器选型

辐射探测器是利用辐射进行探测的器件,它能广泛探测辐射在固体、液体及气体中引起的电离、激发效应以及其他的物理或化学变化。辐射探测器是根据放射性射线在与其他物质相互接触时产生的物理化学效应研制出来的。其种类包括半导体探测器、气体探测器、固体探测器及闪烁体探测器等。它们分别具有各自的使用范围。辐射探测器的选型对于探测结果的准确性有直接影响。辐射探测器在硬件方面可分为能量转化器和测量电路两部分,其中能量转化器将射线转变为探测信号,测量电路对探测信号进行处理。

(1) 半导体探测器

该探测器半导体内晶体原子全部吸收射入其中的射线能量,处于导电状态并形成电子-空穴对,探测器工作时,其吸收的射线能量被转换为电脉冲信号,射线能谱可通过对相应电脉冲信号的分析得出。该探测器的优点是体积小、能量分辨率高,缺点是半导体属于一次消耗品,且必须在真空和低温环境下使用,应用范围小。

(2) 气体探测器

该探测器原理为,带电粒子与气体发生相互作用时,与气体原子发生库仑作用,带电粒子失去部分能量将气体电离。气体探测器性能可靠,制备简单,多用于实验室物理试验。

(3) 固体探测器

该探测器一般用在地下矿产资源,如石油和天然气等的勘探中。

(4) 闪烁探测器

该探测器原理为,闪烁体与射线相互作用产生的荧光被光电倍增管的阴极吸收并转换成光电子,最终光电倍增管阳极收集被其放大的光电子并输出电压或者电流脉冲信号,进而被电子仪器收集记录。闪烁探测器对 γ 射线具有较高的探测效率和分辨率,且对其他射线具有较强的阻止能力,其被广泛应用于 γ 射线能谱的测量。

在现场使用中,探测器闪烁体的选择主要考虑以下几个方面:

① 闪烁体的尺寸和类型能够满足探测射线的强度、能量及种类要求;

② 闪烁体所发射射线的光谱与光电倍增管的光谱相配合,并尽可能获得高电子产额;

③ 闪烁体能够消耗射入其中粒子的较多能量,对粒子具有较大的阻止作用;

④ 闪烁体具有高发光效率、高透明度及较低折射率,能够保证光电倍增管吸收较多的其所发射的光子;

⑤ 对时间分辨计数以及放射性活度测量时,应考虑选择能量转化效率高以及发光衰减时间短的闪烁体;

⑥ 闪烁体作为能谱测量时,应考虑其发光效率的能量响应范围;

⑦ 闪烁体应物美价廉。

通过以上分析可知,在对岩石自然辐射能谱进行测量时,选择闪烁探测器较合适,闪烁探测器的结构如图 3-13 所示。

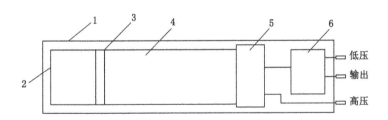

1—外壳;2—闪烁体;3—光导;4—光电倍增管;5—分压器;6—前置放大器。

图 3-13　闪烁探测器的结构

闪烁探测器的使用顺序可以分解为以下五步:

① 闪烁体在射线照射下与射线相互作用,产生电离和激发;

② 被电离、激发的闪烁体在退激的过程中,一部分能量会转换成光辐射而被释放,进而形成闪烁;

③ 闪烁光被光电倍增管光阴极收集;

④ 光阴极吸收闪烁光后转换成光电子发射出去;

⑤ 光电子被光电倍增管中倍增极不断吸收而倍增,最终被阳极收集产生输出的电压或者电流信号。

也就是说,闪烁体是一种受到射线的入射后将发光的物质。根据其化学性质,闪烁体可分为无机晶体闪烁体和有机晶体闪烁体两类。无机晶体闪烁体是无机盐晶体,含有少量激活剂;有机晶体闪烁体则由含苯环的碳氢化合物组成。在为闪烁体探测器选择闪烁体时应该满足以下几点要求:

① 闪烁体的尺寸能够满足灵敏度的要求;

② 闪烁体的能量分辨率能够满足要求;

③ 闪烁体与光电倍增管的光谱要匹配;

④ 闪烁体对入射光线的阻止能力尽可能强;

⑤ 闪烁体要满足高透明度、高发光效率和小折射率要求;

⑥ 闪烁体能量响应的线性范围足够大。

任何闪烁体都难以同时满足所有的要求,因此需根据具体工作需要来选择合适的闪烁体。一般来说,有机晶体闪烁体与无机晶体闪烁体相比,其光输出产额较小、线性较差,但发光衰减时间短,约 $10^{-9} \sim 10^{-4}$ s,而无机晶体闪烁体发光衰减时间将持续 $10^{-4} \sim 1$ s,甚至到小时的量级。因此,考虑煤矸识别探测器的实时响应性及自然辐射的统计特性,在很短的时间内需要进行多次探测,有机晶体闪烁体较无机晶体闪烁体更符合要求。

有机晶体闪烁体是一种在带电粒子入射下能引起闪光的有机材料。常见的有机晶体闪烁体有液体闪烁器、塑料闪烁器、纯有机闪烁器和有机晶体闪烁器四种类型。

综合以上分析结果,最终确定使用北京滨松光子技术股份有限公司生产的某闪烁体。

井下岩石的辐射强度很低,闪烁器中因激发产生的荧光亮度很小,很难探测到,使用光导将必然减弱到达光电倍增管光阴极的光线发光强度,进而增加探测的难度。为了减少在交界面上发生的全反射光线数量,在闪烁器-PMT 的交界面上用硅油充实。

光电倍增管是一种由光阴极、阳极、电子倍增器和电子光学输入系统共同组成的真空光电元器件,其作用为将微弱的脉冲光信号转换成较强的脉冲电流信号,而过滤掉干扰信号。

光电阴极将光子转换成光电子。阳极收集到达末端的电子。电子倍增器是一种可使电子数量大量增加的元器件,由 N 级倍增极组成。电子倍增器工作时,闪烁光激发第一级倍增极并且激发一定量的二次电子,二次电子在电场作用下加速后作用到下一级倍增极上,同时激发出次级倍增的二次电子,直至被激发电子组合成的电子流被阳极收集。电子光学输入系统是光阴极与第一级倍增管的组合器,起到促使脉冲光电子最大限度地激发第一级倍增管的作用。

光电倍增管以光电效应、二次电子发射和电子光学理论为基础,其工作过程为:脉冲光子在光电极上激发出脉冲光电子,脉冲光电子经电子光学输入系统进入电子倍增器内,电子经过多次数量增加后,由阳极收集而输出电流或电压信号。光电倍增管工作原理示意如图 3-14 所示。

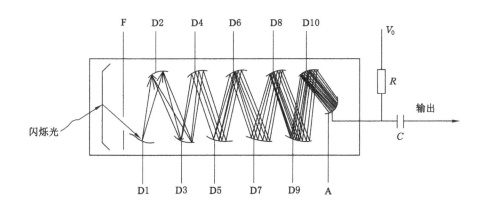

图 3-14　光电倍增管工作原理示意图

因为煤层上方的顶板岩石的辐射强度较低,属低水平辐射类别,所以光电倍增管的选型应具备以下几点要求:结构材料中的 K 含量低、暗脉冲噪声低、暗电流小,然后根据闪烁体的尺寸来确定光电倍增管的直径等参数,由此可确定光电倍增管的型号。

光阴极就是接受光子发射光电子的电极,它由半导体化合物材料构成,这些半导体化合物主要成分是碱金属,这种光阴极的光电子脱出功效很小,光电效应概率很大。

几种常用的光阴极:

① 双碱 Sb-Rb-Cs,Sb-K-Cs:对波长 300~550 nm 的光灵敏,不但灵敏度高,而且暗电流小,和 NaI(Tl) 的发光波长很相配,应用比较广泛。

另一种双碱 Sb-Na-K,可以耐 175 ℃高温,适用于石油勘探等高温场合。室温下暗电流非常小,适用于低噪声测量和单光子测量。

② 多碱 Cs-Na-K-Cs:它有从紫外线至 850 nm 的宽光谱,在氮氧化合物的化学发光探测中应用较多。

③ Ag-O-Cs:反射型,对波长 300～1 100 nm 的光灵敏;透过型,对波长 300～1 200 nm 的光灵敏。用于红外探测,波长在 900～1 000 nm 范围内的 In-Ga-As (Cs)信噪比 Ag-O-Cs 好很多。

④ Cs-I:因为对太阳光不灵敏,所以也称之为"日盲"。其对波长 115～200 nm 的光灵敏;当波长大于 200 nm 时,灵敏度急剧下降;当波长小于 115 nm 时,应选用无窗光电倍增管。

⑤ 锑铯化合物 Sb-Cs:对波长 350～650 nm 的光灵敏,它的电阻比双碱光阴极要低,适用于大电流流过光阴极场合的测量,主要用于反射型光阴极。

不同光阴极材料的光谱响应曲线如图 3-15 所示。

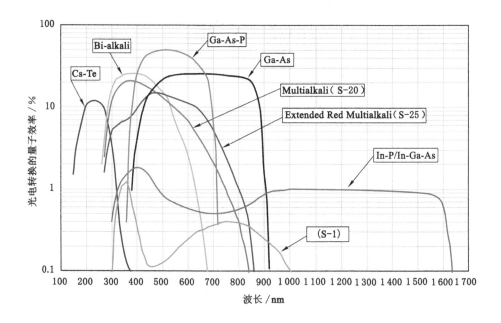

图 3-15 不同光阴极材料的光谱响应曲线

光电倍增管的选型原则:

① 光阴极灵敏度:如果对低能和弱光进行测量,应该选光阴极灵敏度高的

光电倍增管。

② 暗电流:如果信号很弱,应该选暗电流小的光电倍增管。

③ 阳极灵敏度:根据需要输出信号的大小和入射到光阴极的光通量来估算阳极灵敏度,选用阳极灵敏度合适的光电倍增管。

④ 光谱响应:光电倍增管的光谱响应尽可能跟待测光的光谱相同,也就是说与闪烁体的发射光谱相匹配。

⑤ 根据使用要求选择不同的光电倍增管。如低能或低本底测量要选低噪声的光电倍增管;能量测量应该选能量分辨率高的光电倍增管;时间测量则该选用快速时间光电倍增管。

光电倍增管的供电方式有两种:一种是正高压供电方式,它的缺点是脉冲输出要用耐高压电容耦合,由于耐高压电容的体积较大,因而分布电容大,高压纹波进入测量电路也比较容易。另一种是负高压供电方式,它的阳极是地电位,耦合方式也很简单,尤其是电流工作方式;但是它的光阴极处于很高的负电位,光阴极对处于地电位的光屏蔽外壳之间的绝缘是需要格外注意的。

3.4.2 煤矸自然射线实时探测系统

煤矸自然射线实时探测系统包括探测器和数据采集显示软件两部分,其中数据采集显示软件在实验室试验阶段采用上位机平台,在井下置于综放工作面进行测量的过程中将采用单片机进行数据的分析和处理显示,显示器与探测器之间采用无线连接的形式进行数据的传输。

探测器置于试验平台的承载台上,用数据线与上位机 COM 口连接,进行实时数据传输。探测器探测射线的类型为 γ 射线,探测器量程:0.001~100 μGy/h,本底计数 $\geqslant$ 100 cps,灵敏度:1 μGy/h $\geqslant$ 1 000 cps,能量阈:35 keV,相对误差:$\leqslant \pm 5\%$,最小采样周期:0.05 s。探测器设计图和实物图见图 3-16 和图 3-17。

数据采集显示软件具有可设置探测器号、选择采样周期和滤波因子等功能,在采样开始后,显示界面实时显示探测数据及滤波后的数据,并将实时数据和滤波数据曲线呈现出来。实时采集分析系统见图 3-18,采集分析显示软件界面如图 3-19 所示。

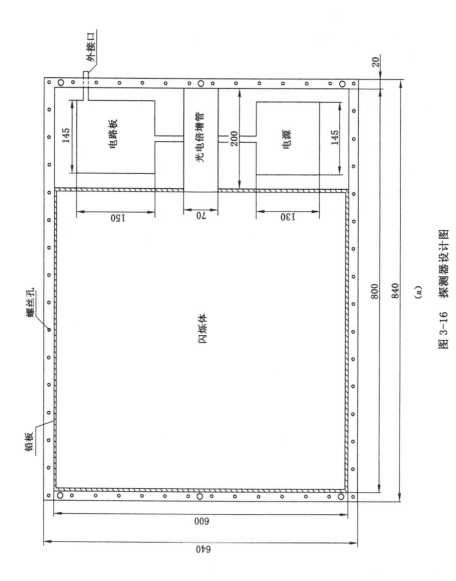

图 3-16 探测器设计图

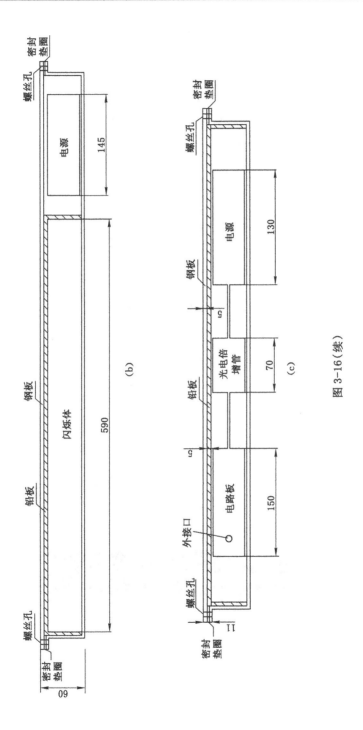

图 3-16（续）

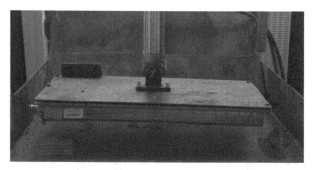

图 3-17　探测器实物图

图 3-18　实时采集分析系统

（a）设置界面

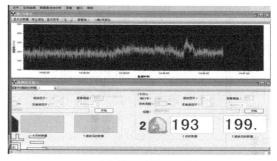

（b）数据采集显示界面

图 3-19　采集分析显示软件界面

3.5 煤矸自动识别试验系统的特点

煤矸自动识别试验系统为研究综放工作面放煤过程自动控制和煤岩界面识别等技术而设计,属自主研制,国际首创。其原理是,煤矸自然辐射强度不同,通过自然射线技术研究煤矸互混、块度大小不一、方位变化不定条件下放煤口煤矸流中煤矸的实时识别,并计算判断放出顶煤的混矸率,分析确定煤矸自动识别的指标体系和特征值,模拟综放工作面顶煤放落煤矸混合过程及开关窗动作,分析不同煤矸混合度情况下的识别阈值,并实时显示顶煤放落过程中混矸率的变化趋势,进而研究确定合理的终止放煤时机;主要通过自行研制的自然射线监测仪实施,结合电液自动控制系统,最终完成综放工作面自动化放煤技术研究。煤矸自动识别试验系统的研制,将有望解决综放工作面放煤自动化的瓶颈问题,对我国自动化采煤技术发展具有重大意义。

3.6 小　　结

本章对煤矸自动识别试验系统的研制进行研究分析,得到以下结论:

(1) γ 射线是波长很短的电磁波,其静止质量为零,不带电荷,故其对物质具有很强的穿透能力。

(2) 矸石和煤的放射性物质含量差异比较大,可以通过对煤矸混合物辐射量变化的测量来判断混入矸石的量,达到实时自动识别煤矸的目的,进而指导电液控制系统进行开关窗动作,为综放开采自动放顶煤技术提供核心技术。

(3) 研制了煤矸自动识别试验台,对综放工作面液压支架放煤环境进行实验室模拟;同时研制了煤矸自然射线实时探测系统,确定了探测系统中探测器配件的型号;研制了配套的数据实时处理及显示软件。

(4) 介绍了煤矸自动识别试验系统的特点,分析确定了其试验过程的程序和注意事项。

4 煤矸低水平自然 γ 射线的涨落规律及测量识别

采用自然射线法对综放开采放顶煤煤矸进行识别,主要是对煤与矸石的放射性差异进行探测并作出判断。对于同一个煤层来说,顶板岩性较一致,其放射性物质含量相当,因此对于同一个工作面来说,其顶板岩石辐射强度一致,采用自然射线法对顶煤放落过程中的混矸率进行探测是可行的。一般情况下,顶板矸石较煤层的放射性大很多,通常将煤视作无放射性,在测量过程中,当放煤口煤流中有矸石混入时,探测到的辐射强度会在本底的基础上增大,据此对混矸率进行识别探测,这里的本底是指探测器探测到的宇宙射线和自然界中天然放射性核素发出的射线辐射强度,具有统计涨落规律。但由于煤矸放射性水平较低,甚至低于本底,这样在测量的过程中就难以分辨是矸石的贡献还是本底的涨落,因而会造成探测误差。因此,对于矸石等低水平自然辐射放射性测量来说,误差对计算精度的影响不容忽视。目前,国内对煤矸自然辐射规律研究几乎没有,因此需要对煤矸自然射线的辐射涨落规律进行分析,以确保探测识别的准确度,为综放开采煤矸自动识别提供理论依据。

4.1 煤矸混合体中含矸量的确定

4.1.1 煤矸混合体自然射线辐射模型

设煤矸混合体总体积为 V,煤的体积为 V_c,矸石体积为 V_g,煤对自然射线质量衰减系数为 μ_c,矸石对自然射线质量衰减系数为 μ_g,煤矸混合体的质量衰减系数为 μ,则:

$$\mu = \mu_c \frac{V_c}{V} + \mu_g \frac{V_g}{V} \tag{4-1}$$

通过第 2 章的研究可以知道,煤的自身辐射强度很低,甚至低于自身的屏蔽能力,故而对于煤矸混合物可以认为其辐射出的自然射线均来自矸石,煤矸混合物中自然射线的辐射分布如图 4-1 所示。

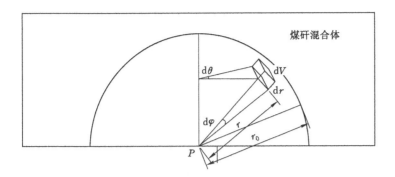

图 4-1　煤矸混合模型

在图 4-1 中,在球坐标系条件下取煤矸混合体的半径为 r,探头能够探测的最远距离为 r_0,堆积角度 θ 取 2π,辐射角度 φ 取最大值 π,假设混合体中的放射性物质是均匀的,矸石的放射性浓度为 q,煤矸混合体的密度为 ρ,混合体中煤的体积分数为 v_c,矸石的体积分数为 v_g。根据电磁波辐射衰减规律,得出在 P 点测得的任意无限小体积 dV 的辐射强度 dJ:

$$dJ = \frac{\rho_g q v_g dV}{r^2} e^{-\mu r}$$

其中:

$$dV = r^2 \sin \varphi d\varphi d\theta dr$$

得:

$$J = \rho_g q v_g \int_0^{2\pi} d\theta \int_0^\pi \sin \varphi d\varphi \int_0^{r_0} e^{-\mu r} dr$$

$$= -\frac{4\pi \rho_g q v_g}{\mu}(e^{-\mu r_0} - 1) \tag{4-2}$$

如果需要在煤矸混合比为 7:3 的情况下关窗,停止放煤,那么便可得出质量衰减系数 μ,进而求得 r_0,即得到在半径为 r_0 的煤矸混合体内,矸石和煤的比例为 7:3。

对于均匀混合的煤矸混合物,混合体的质量衰减系数为:

$$\mu = \mu_c c_c + \mu_g c_g = \mu_c + (\mu_g - \mu_c)c_g \tag{4-3}$$

式中,对于确定的工作面而言,μ_c、μ_g 可以视为常数。

矸石中放射性浓度 q 可以视作常数。由于混合物中煤的体积分数为 v_c,煤的质量分数为 c_c,矸石的体积分数为 v_g,矸石的质量分数为 c_g,则有:

$$v_c + v_g = 1 \tag{4-4}$$

$$c_c + c_g = 1 \tag{4-5}$$

设混合物的总体积和总质量分别为 V 和 M，则有：

$$V = \frac{Mc_c}{\rho_c} + \frac{Mc_g}{\rho_g} \tag{4-6}$$

由式(4-4)可得：

$$\frac{\rho_c V v_c}{M} + \frac{\rho_g V v_g}{M} = 1$$

进而得：

$$\rho_c v_c + \rho_g v_g = \frac{M}{V} \tag{4-7}$$

联合式(4-4)至式(4-7)可得：

$$v_g = \frac{\rho_c c_g}{\rho_g + (\rho_c - \rho_g)c_g} \tag{4-8}$$

$$\rho = \frac{\rho_c \rho_g}{\rho_g + (\rho_c - \rho_g)c_g} \tag{4-9}$$

将式(4-2)中的 r 取无穷大，得到：

$$J = \rho_g q v_g \int_0^{2\pi} d\theta \int_0^{\pi} \sin\varphi \, d\varphi \int_0^{\infty} e^{-\mu r} \, dr = \frac{4\pi}{\mu} \rho_g q v_g \tag{4-10}$$

联合式(4-3)、式(4-8)、式(4-10)可得：

$$J = \frac{4\pi \rho_c \rho_g c_g}{[\mu_c + (\mu_g - \mu_c)c_g][\rho_g + (\rho_c - \rho_g)c_g]} \tag{4-11}$$

式(4-11)说明，混合物在 P 点的辐射强度 J 与混合物中矸石的质量分数存在一一对应的关系，也就是说通过对 P 点辐射强度的探测可以反映混合物中矸石的质量分数。

由图4-2可以得知，随着混矸率的增加，辐射强度逐渐增加，且增加幅度逐渐增大。这是由于随着混矸率的增加，混合物中只吸收辐射不产生辐射的煤逐渐减少，同时产生辐射的矸石逐渐增多，进而造成辐射强度增加幅度逐渐增大。

在同一混矸率条件下，假设 $r = r_0$ 时混合物中矸石在 P 点的辐射强度为 J_{r_0}，$r = +\infty$ 时矸石在 P 点的辐射强度为 $J_{+\infty}$，设定它们的比值：

$$\frac{J r_0}{J_{+\infty}} = 99\% \tag{4-12}$$

分别代入式(4-2)和式(4-10)，则得：

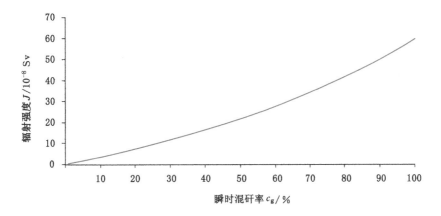

图 4-2　煤矸混合物辐射强度与混矸率的关系曲线

$$\frac{\frac{4\pi}{\mu}\rho_{\mathrm{g}}qv_{\mathrm{g}}(1-\mathrm{e}^{-\mu r_0})}{\frac{4\pi}{\mu}\rho_{\mathrm{g}}qv_{\mathrm{g}}}=99\%$$

最后得 r_0 和 μ 的关系：

$$r_0=\frac{4.605}{\mu} \tag{4-13}$$

取 $\mu_{\mathrm{c}}=0.007\,5\ \mathrm{mm^2/g}$，$\mu_{\mathrm{g}}=0.016\,7\ \mathrm{mm^2/g}$，即 μ 的取值范围为 $[0.007\,5\ \mathrm{mm^2/g},0.016\,7\ \mathrm{mm^2/g}]$，代入式（4-13）可得 r_0 的取值范围为 $[275.7\ \mathrm{mm},614\ \mathrm{mm}]$。

联合式（4-3），可得：

$$r_0=\frac{4.605}{\mu_{\mathrm{c}}+(\mu_{\mathrm{g}}-\mu_{\mathrm{c}})c_{\mathrm{g}}} \tag{4-14}$$

下面画出 r_0 与 c_{g} 关系曲线图，具体见图 4-3。

综上所述，在综放工作面放顶煤过程中，煤矸混合物的厚度达到 614 mm 时，之外的其他放射性物质对探测器的测量几乎无贡献。因此在煤矸混合物厚度大于 614 mm 时，可以通过探测器探测得到的辐射强度来反推混合物中的混矸率，同时可以避免底板及邻架放煤口处矸石的影响。

以上讨论是在"混合体中的放射性物质是均匀的"这一假设条件下进行的。而在现场的实际情况是放煤过程中矸石的混入是随机的，位置具有不确定性，当煤矸混合堆中矸石位于靠近探测器的一侧时，探测器探测得到的辐射值将大于均匀混合条件下测量得到的辐射值，当矸石位于远离探测器的一侧时则情况相

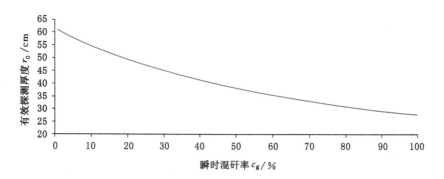

图 4-3 探测器有效探测厚度与混矸率的关系曲线

反,这样就导致通过式(4-11)标定计算得出的混矸率具有误差。下面对矸石在煤矸混合堆中的两种极限位置情况下造成的误差进行分析。

首先讨论煤矸混合堆中矸石位于远离探测器的一侧的情况,如图 4-4 所示。

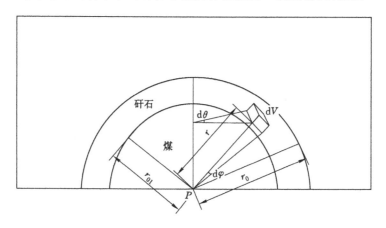

图 4-4 矸石远离探测器极限位置图

如图 4-4 所示,当混矸率为 c_g 的煤矸混合堆中的矸石集中于最外围时,有:

$$\rho \times \frac{2}{3}\pi r_0^3 c_g = \rho_g \times \frac{2}{3}\pi(r_0^3 - r_{01}^3) \tag{4-15}$$

联合式(4-9)和式(4-15),可得:

$$r_{01} = r_0 \sqrt[3]{\frac{\rho_c(1 - c_g)}{\rho_g - (\rho_g - \rho_c)c_g}} \tag{4-16}$$

对于图 4-4 中矸石部分任意一无限小体积 dV,其在 P 点的辐射强度为:

$$\mathrm{d}J_1 = \frac{\rho_{\mathrm{g}} q\,\mathrm{d}V}{r^2}\mathrm{e}^{-\mu_{\mathrm{g}}(r-r_{01})}\mathrm{e}^{-\mu_{\mathrm{c}} r_{01}} \tag{4-17}$$

对式(4-17)积分得：

$$J_1 = -\frac{4\pi\rho_{\mathrm{g}} q}{\mu_{\mathrm{g}}}\mathrm{e}^{-\mu_{\mathrm{c}} r_0 \sqrt[3]{\frac{\rho_{\mathrm{c}}(1-c_{\mathrm{g}})}{\rho_{\mathrm{g}}-(\rho_{\mathrm{g}}-\rho_{\mathrm{c}})c_{\mathrm{g}}}}}\left(\mathrm{e}^{-\mu_{\mathrm{g}} r_0\left(1-\sqrt[3]{\frac{\rho_{\mathrm{c}}(1-c_{\mathrm{g}})}{\rho_{\mathrm{g}}-(\rho_{\mathrm{g}}-\rho_{\mathrm{c}})c_{\mathrm{g}}}}\right)}-1\right) \tag{4-18}$$

联合式(4-2)、式(4-3)、式(4-8)、式(4-16)、式(4-18)，可得：

$$\frac{J_1}{J} = \frac{[\rho_{\mathrm{g}}+(\rho_{\mathrm{c}}-\rho_{\mathrm{g}})c_{\mathrm{g}}][\mu_{\mathrm{c}}+(\mu_{\mathrm{g}}-\mu_{\mathrm{c}})c_{\mathrm{g}}]\mathrm{e}^{-\mu_{\mathrm{c}} r_0\sqrt[3]{\frac{\rho_{\mathrm{c}} c_{\mathrm{g}}}{\rho_{\mathrm{g}}-(\rho_{\mathrm{g}}-\rho_{\mathrm{c}})c_{\mathrm{g}}}}}\left(\mathrm{e}^{-\mu_{\mathrm{g}} r_0\left(1-\sqrt[3]{\frac{\rho_{\mathrm{c}} c_{\mathrm{g}}}{\rho_{\mathrm{g}}-(\rho_{\mathrm{g}}-\rho_{\mathrm{c}})c_{\mathrm{g}}}}\right)}-1\right)}{\rho_{\mathrm{c}} c_{\mathrm{g}}\mu_{\mathrm{g}}\left(\mathrm{e}^{-[\mu_{\mathrm{c}}+(\mu_{\mathrm{g}}-\mu_{\mathrm{c}})c_{\mathrm{g}}]r_0}-1\right)}$$

$$\tag{4-19}$$

由式(4-19)可以看出，煤矸混合堆中矸石位于远离探测器的一侧时，P 点的辐射强度与均匀状态下的比值是随着混矸率的变化而变化的，该比值与混矸率之间的关系曲线见图 4-5。

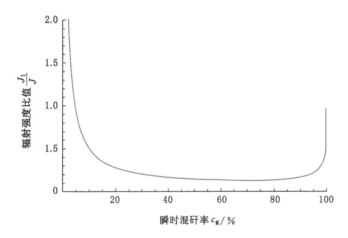

图 4-5　矸石位置极远与均匀分布条件下辐射强度比值与混矸率的关系曲线

从图 4-5 中可以看出，随着煤矸混合物中矸石比例的增加，煤矸混合堆中矸石位于远离探测器的一侧时 P 点的辐射强度与均匀状态下的比值呈现先减小后增加的趋势。当混矸率过低时，仪器将不能准确探测其辐射强度，这里讨论混矸率在 5％ 以上的情况，当混矸率在 5％～50％ 的范围内时，J_1/J 的值逐渐减小，且最小值仅为 1.3％，这说明当煤矸混合堆中的矸石聚集在远离探测器的一侧时，根据探测器探测的辐射值反推得到的含矸量将比实际含矸量小很多。

当瞬时混矸率 $c_{\mathrm{g1}}=35\%$ 时，令 $J_1=J$，令反推得到的混矸率为 c_{g}，则有：

$$-\frac{4\pi\rho_{\mathrm{g}} q}{\mu_{\mathrm{g}}}\mathrm{e}^{-\mu_{\mathrm{c}} r_0\sqrt[3]{\frac{\rho_{\mathrm{g}}(1-c_{\mathrm{g}})}{\rho_{\mathrm{g}}-(\rho_{\mathrm{g}}-\rho_{\mathrm{c}})c_{\mathrm{g}}}}}\left(\mathrm{e}^{-\mu_{\mathrm{g}} r_0\left(1-\sqrt[3]{\frac{\rho_{\mathrm{g}}(1-c_{\mathrm{g}})}{\rho_{\mathrm{g}}-(\rho_{\mathrm{g}}-\rho_{\mathrm{c}})c_{\mathrm{g}}}}\right)}-1\right) = -\frac{4\pi\rho_{\mathrm{g}} q v_{\mathrm{g}}}{\mu}\left(\mathrm{e}^{-\mu r_0}-1\right)$$

联合式(4-3)、式(4-8)、式(4-9)可得：

$$c_g = 5.8\%$$

这说明在矸石位置距离探测器极远的条件下，当矸石质量占整个煤矸混合堆的比例为35％时，利用式(4-11)反推得到的理论混矸率为5.8％，故单次测量的误差较大。

下面讨论煤矸混合堆中矸石位于靠近探测器的一侧的情况，如图4-6所示。

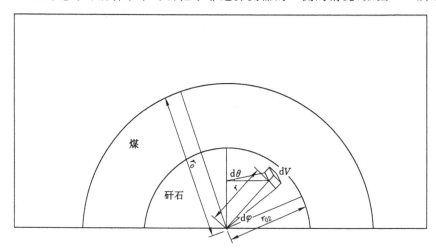

图 4-6　矸石靠近探测器极限位置图

如图4-6所示，当混矸率为 c_g 的煤矸混合堆中的矸石集中且最靠近 P 点时，有：

$$\rho \times \frac{2}{3}\pi r_0^3 c_g = \rho_g \times \frac{2}{3}\pi r_{02}^3 \tag{4-20}$$

联合式(4-9)和式(4-20)，可得：

$$r_{02} = r_0 \sqrt[3]{\frac{\rho_c c_g}{\rho_g - (\rho_g - \rho_c)c_g}} \tag{4-21}$$

对于图4-6中矸石部分任意一无限小体积 $\mathrm{d}V$，其在 P 点的辐射强度为：

$$\mathrm{d}J_2 = \frac{\rho_g q \mathrm{d}V}{r^2} \mathrm{e}^{-\mu_g r} \tag{4-22}$$

对式(4-22)积分得：

$$J_2 = -\frac{4\pi \rho_g q}{\mu_g}(\mathrm{e}^{-\mu_g r_{02}} - 1) \tag{4-23}$$

联合式(4-2)、式(4-3)、式(4-21)、式(4-22)，得：

$$\frac{J_2}{J} = \frac{[\mu_c + (\mu_g - \mu_c)c_g](e^{-\mu_g r_0 \sqrt[3]{\frac{\rho_c c_g}{\rho_g - (\rho_g - \rho_c)c_g}}} - 1)[\rho_g + (\rho_c - \rho_g)c_g]}{\mu_g \rho_c c_g (e^{-[\mu_c + (\mu_g - \mu_c)c_g]r_0} - 1)}$$

$$(4\text{-}24)$$

由式(4-24)可以看出,煤矸混合堆中矸石位于远离探测器的一侧时,P 点的辐射强度与均匀状态下的比值是随着混矸率的变化而变化的,该比值与混矸率之间的关系曲线见图 4-7。

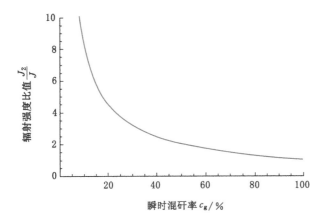

图 4-7　矸石位置极近与均匀分布条件下辐射强度比值与混矸率的关系曲线

当瞬时混矸率 $c_{g1} = 35\%$ 时,令 $J_2 = J$,令反推得到的混矸率为 c_g,则有:

$$-\frac{4\pi \rho_g q}{\mu_g}(e^{-\mu_g r_{02}} - 1) = -\frac{4\pi \rho_g q v_g}{\mu}(e^{-\mu r_0} - 1)$$

联合式(4-3)、式(4-8)、式(4-9)可得:

$$c_g = 99.6\%$$

这说明在矸石位置距离探测器极近的条件下,当矸石质量占整个煤矸混合堆的比例为 35% 时,利用式(4-11)反推得到的理论混矸率为 99.6%,故单次测量的误差较大。

由图 4-8 可以看出,在矸石混矸率为 0~50% 的范围内,两种极限情况下的辐射强度与均匀分布情况下的辐射强度比值逐渐向 1 靠近,但相差仍较多,故对于单次测量而言,通过探测均匀混合模型得到的辐射强度反推混矸率对于非均匀模型来说误差较大。即在实际测量的过程中,在不同时间测得的辐射强度连接形成的曲线将具有很大的波动性质。而对放煤口煤矸混合物的探测属于多次重复性的行为,混合堆中矸石的位置是随机的,多次测量后位置对探测效果的影响将明显减弱,同时在滤波的过程中需要对滤波方式进行合理的选择,以期真实地反映出混合堆中矸石的含量,滤波方式的合理选择同样是煤矸识别方法的关键。

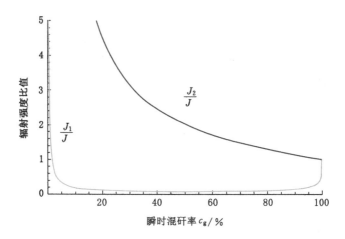

图 4-8　矸石极限位置与均匀分布条件下辐射强度比值与混矸率的关系曲线

4.1.2　煤矸冒落辐射探测有效厚度模型

在综放支架掩护梁后方,顶板矸石随着顶煤的流动整体向掩护梁滚动,即煤矸分界线整体向掩护梁靠近。随着放煤过程的进行,矸石层逐渐靠近掩护梁。若将探测器置于放煤口附近,在矸石层足够厚的情况下,探测强度随矸石层与探测器的距离的变化而不同。因此,需要分析在顶煤放落过程中,探测器探测到顶板矸石层辐射的有效厚度。

建立煤矸冒落辐射探测有效厚度模型,见图 4-9。为方便讨论,这里假设放射性核素在矸石中均匀分布,令煤矸分界线下方的冒落煤层厚度为 h,自然射线探头置于图中 P 点,由于空气对自然 γ 射线的阻碍作用很小,故而认为射线在空气中无衰减,令 q 为矸石中核素的质量浓度,μ_c 为自然 γ 射线在煤层中的质量衰减系数,μ_g 为自然 γ 射线在矸石中的质量衰减系数。

如图 4-9 所示,建立球坐标系,在矸石中取一无限小体积 dV,该体积发出的射线通过矸石的厚度为 $r-r_1$,通过冒落煤层的厚度为 $r_1 = h\sec\varphi$。

体积元 dV 的岩石中的放射性物质发出的射线穿过煤层在 P 点所产生的辐射强度为:

$$dJ = \frac{\rho q\, dV}{r^2} e^{-\mu_g(r-r_1)} e^{-\mu_c r_1}$$

$$dV = r^2 \sin\varphi\, d\varphi\, d\theta\, dr$$

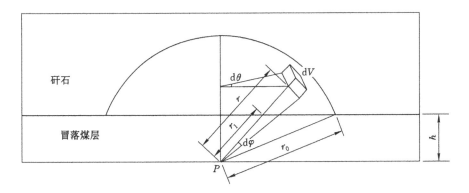

图 4-9　煤矸冒落辐射探测有效厚度模型

$$J = \rho q \int_0^{2\pi} \mathrm{d}\theta \iint \mathrm{e}^{-\mu_\mathrm{g}(r-r_1)} \mathrm{e}^{-\mu_\mathrm{c} r_1} \sin\varphi \mathrm{d}\varphi \mathrm{d}r \tag{4-25}$$

假设探头能够探测的最远距离为 r_0，角度为 φ_0，则：

$$\begin{aligned}
J &= \rho q \int_0^{2\pi} \mathrm{d}\theta \int_0^{\varphi_0} \int_{r_1}^{r_0} \mathrm{e}^{-\mu_\mathrm{g} r} \mathrm{e}^{(\mu_\mathrm{g}-\mu_\mathrm{c})h\sec\varphi} \sin\varphi \mathrm{d}r \mathrm{d}\varphi \\
&= \frac{2\pi\rho q}{\mu_\mathrm{g}} \int_0^{\varphi_0} \frac{\mathrm{e}^{-\mu_\mathrm{g} r_1} - \mathrm{e}^{-\mu_\mathrm{g} r_0}}{k} \mathrm{e}^{(\mu_\mathrm{g}-\mu_\mathrm{c})h\sec\varphi} \sin\varphi \mathrm{d}\varphi \\
&= \frac{2\pi\rho q}{\mu_\mathrm{g}^2} \int_0^{\varphi_0} (\mathrm{e}^{-\mu_\mathrm{g}\mu_\mathrm{c} h\sec\varphi} - \mathrm{e}^{-\mu_\mathrm{g} r_0}) \mathrm{e}^{(\mu_\mathrm{g}-\mu_\mathrm{c})h\sec\varphi} \sin\varphi \mathrm{d}\varphi
\end{aligned} \tag{4-26}$$

下面讨论辐射角度对自然射线辐射强度衰减的影响，取煤层厚度 $h = 150$ mm，$r_0 = 614$ mm，则辐射角度与自然射线辐射强度关系曲线如图 4-10 所示。

从图 4-10 中可以看出，自然射线探头探测到的辐射强度随着辐射角度的增大而增大，但两者之间并非直线关系，当辐射角度增加到一定程度后，辐射强度增加幅度减小，并逐渐趋向饱和，当探测辐射角度 φ_0 的取值在 1.32 rad 附近时 J 达到最大，此时对应的角度即矸石所能辐射的最大角度，此例中 $\varphi_0 = \arcsin 0.25 = 75.5°$。

接下来分析当覆盖的顶板矸石厚度变化时在 P 点探测到的自然辐射强度的变化趋势，令冒落顶煤厚度 $h = 150$ mm，探测辐射角度 $\varphi_0 = 75.5°$，代入式（4-26），得到的顶板矸石厚度与辐射强度关系曲线如图 4-11 所示。

由图 4-11 可以看出，当冒落煤层上方岩层厚度增加时，辐射强度同时增大，但两者之间呈非线性关系。当顶板矸石厚度增加到一定程度后，辐射强度增加幅度逐渐减缓并趋向饱和，在此情况下，当 r_0 增加到 600 mm 时，辐射强度接近饱和辐射值，不再有明显变化。

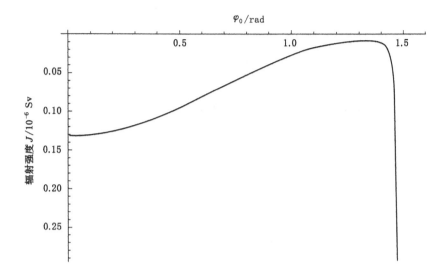

图 4-10　辐射角度与自然射线辐射强度的关系曲线

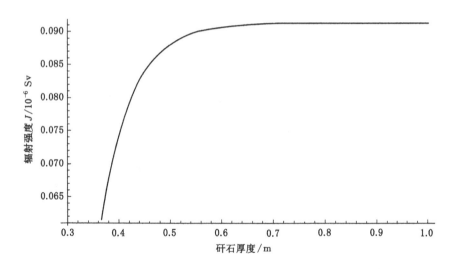

图 4-11　辐射强度与矸石厚度的关系曲线

因此,当顶板岩石厚度超过 600 mm 时,其厚度的增加对探测器探测煤矸分界线的影响甚微,故而对于厚度大于 600 mm 的顶板,可以采取探测煤矸分界线与顶梁距离的方式判断顶煤放出程度,这显然适合于绝大多数工作面。在岩层厚度小于 300 mm 时,辐射强度相对较小,若在顶煤中存在小于 300 mm 厚的夹矸,在顶煤放落流动的过程中夹矸层会超前上部顶煤流入放煤口,此时探测刮板输送机上煤矸混合物的探测器将探测到矸石,若夹矸与直接顶岩性一致,将无法区分夹矸与直接顶矸石,此时可以通过掩护梁后方探测器的显示状态进行区分。这是因为在顶煤放落流动的过程中夹矸层与煤层的分界线将不再明显,掩护梁后方探测器所测得的辐射强度将极不稳定,基于这一特征可以辅助区分夹矸进而增加该技术的应用范围。

下面讨论探测器探测得到的辐射强度与煤层厚度的关系。由式(4-26)可以看出,在 P 点测得的辐射强度与煤层厚度、矸石厚度、探测角度、矸石中放射性物质浓度、煤及矸石的吸收系数等因素有关,根据上面的分析可知,$\varphi_0 = 75.5°$,且当 $r_0 > 600$ mm 时,r_0 的值对 J 的影响已经不再明显,这里取 $r_0 = 600$ mm,$\varphi_0 = 75.5°$,代入式(4-26)得到:

$$J = \frac{2\pi\rho q}{0.016\ 7^2}\int_0^{1.317\ 7}(e^{-0.016\ 7\times 0.007\ 5h\sec\varphi} - e^{-10.02})e^{0.009\ 2h\sec\varphi}\sin\varphi\,\mathrm{d}\varphi$$

$$= 7\ 171\pi\rho q\int_0^{1.317\ 7}(e^{-0.000\ 125\ 25h\sec\varphi} - e^{-10.02})e^{0.009\ 2h\sec\varphi}\sin\varphi\,\mathrm{d}\varphi \qquad (4\text{-}27)$$

由式(4-27)可以看出,此时在 P 点测得的矸石堆的辐射强度 J 与煤层厚度 h 存在一一对应的关系,利用 Mathematica 9.0 软件对式(4-27)进行求解并作出 J 与 h 关系曲线,如图 4-12 所示。

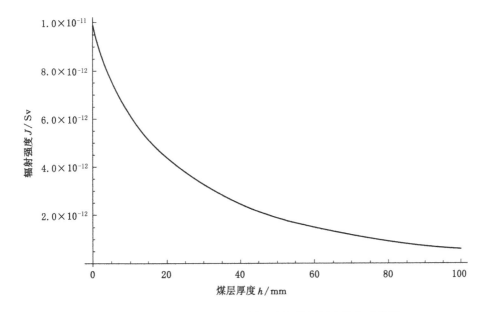

图 4-12　探测器探测得到的辐射强度与煤层厚度的关系曲线

在对式(4-27)进行求解的过程中,由于矸石属性未定,故而无法确定在某一冒落煤层厚度条件下所测得辐射强度的准确数值,即图 4-12 所表示的仅仅是 J 与 h 的关系趋势。从图 4-12 中可以看出,随着冒落煤层厚度的减小,在 P 点所测得的辐射强度逐渐增大,且增加幅度逐渐增大。根据这一特性,可以通过判断煤矸分界线靠近放煤口的程度来判断关窗时机。

4.2 核辐射探测器的本底辐射及屏蔽

由于探测环境周围所存在的物质含有一定的天然放射性核素以及宇宙射线的存在,探测器在工作的时候会因这些外来辐射产生一些本底信号,同时作为探头组成部分的电路在工作的情况下也会产生一部分噪声本底。

辐射本底来源具有如下几类:

① 探测器的各组成部件中会含有一定的放射性核素,探测器的辅助装置以及试验过程中需要用到的其他物品中也会含有一定的放射性核素。探测器中所使用到的诸如云母窗、玻璃管中均含有放射性核素,试验过程中用到的金属材料中往往会含有一定的放射性杂质,作为探测器晶体屏蔽材料的铁或铅中会或多或少含有人工或天然形成的放射性核素。

② 宇宙射线。宇宙射线来自宇宙中的裂变反应,通过大气层之后来到地球,一般是含有高能量的质子射线,宇宙射线在地球上与大气作用后产生很多的次级粒子,诸如湮没光子、电子、π 介子、质子以及 μ 介子等次级粒子,这被称为次级宇宙射线。

③ 探测器周围空气的放射性。大气中存在钍和氡等放射性气溶胶和放射性气体,空气中的尘埃也包含一部分放射性核素。

④ 实验室水泥或岩石制品底板、墙壁或其他建筑物中所含有的放射性核素。辐射混凝土等建筑材料中含有放射性核素钾,作为装修材料的岩石往往含有一定量的放射性物质。

噪声本底主要指电子仪器的噪声、电磁干扰、光电倍增管的暗电流与噪声、绝缘体的漏电与击穿、探测器的负伤以及探测器工作条件与参数的选取不当而产生的信号。

弄清楚辐射探测器本底来源之后,采取相应措施对探测器进行降噪,具体方法如下:

(1)采取一定的屏蔽措施

对于宇宙射线和工作环境中的其他物质的辐射,减弱其辐射对探测器影响的有效手段是对探头采用一定的屏蔽措施。复合屏蔽是目前较为合理的屏蔽方法,复合屏蔽分为主屏蔽和内屏蔽两部分,内屏蔽置于主屏蔽和探测器之间,主屏蔽的材料采用高原子序数的物质,内屏蔽选用放射性核素杂质含量较少的材料如有机玻璃、电解铜或水银等,其主要目的是减少屏蔽材料中放射性杂质对探测器的影响。

（2）反符合技术

宇宙射线中的高能质子具有很强的穿透本领,一般的屏蔽措施对该射线效果甚微,采用几十米厚混凝土层的方式尚可有效滤除宇宙射线的影响,但一般没有这样的试验环境,故而采取反符合技术来降低宇宙射线造成的本底计数。所谓的反符合技术,就是在主探头四周放置另外一个屏蔽探头,组成反符合环,屏蔽探头的输出数据接入反符合电路,当宇宙射线进入试验环境穿透两组探头时,由于反符合电路中不输出信号,因而不会记录宇宙射线引起的计数,进而降低主探头的本底。

（3）合理选取探测器的组成材料

通常来说,有机材料中的放射性核素杂质含量较无机材料少得多,不锈钢普通铁板等金属材料的放射性核素含量低,石英玻璃比普通玻璃更为纯净。因而在选择晶体时尽量选用有机晶体,探头外壳选用不锈钢板材,光电倍增管选用石英玻璃管;另外,组成电路的电阻、电容和二极管等电子元器件中也含有一定的放射性杂质,故而电路尽量置于探头外侧。

4.3 煤矸放射性计数的涨落规律

采用自然射线法对综放开采放顶煤进行煤矸识别是低水平放射性测量的过程,该过程中的计数具有统计涨落规律,客观存在。下面从数理统计的角度分析煤矸识别过程中的辐射计数,对测量数据进行合理筛选和计算。

辐射由原子自身衰变造成,从数理统计的角度来说,原子核衰变的随机变数服从二项式分布。对于放顶煤过程来说,有较大的原子核数 N_0 以及较小的衰变概率 P,且核衰变数的平均值 $m = N_0 P$ 较大时,泊松分布可以进一步简化为正态分布。

对矸石放射性进行探测的过程实际上是对矸石中含有的放射性物质原子核衰变进行探测的过程,假定一个放射性原子核在时间间隔 Δt 内衰变的概率为 $P_{\Delta t}$,那么 $P_{\Delta t}$ 正比于 Δt,即

$$P_{\Delta t} = \lambda \Delta t \tag{4-28}$$

假定 $\Delta t = \dfrac{t}{i}$,该原子核经过时间 t 后未发生衰变的概率为：

$$P = (1 - \lambda \Delta t)^i = (1 - \lambda \frac{t}{i})^i \tag{4-29}$$

对式(4-29)求极限,得:

$$P = \lim_{i \to \infty} \left[1 + (-\lambda) \frac{t}{i} \right]^i = e^{-\lambda t} \tag{4-30}$$

N_0 个放射性原子核在经过时间 t 后未发生衰变的数目 N' 为:

$$N' = N_0 e^{-\lambda t} \tag{4-31}$$

放射性原子核的衰变与不衰变是两种互斥的事件,且衰变与不衰变的概率之和为 1,从数理统计的角度可以看成服从二项式分布,N_0 个放射性原子核在经过时间 t 后发生衰变的数目为 N 的概率为:

$$P(N) = \frac{N_0!}{(N_0 - N)! \, N!} P^N (1 - P)^{N_0 - N}$$

$$= \frac{N_0!}{(N_0 - N)! \, N!} (1 - e^{-\lambda t})^N (e^{-\lambda t})^{N_0 - N} \tag{4-32}$$

其期望值:

$$E(N) = m = N_0 P = N_0 (1 - e^{-\lambda t}) \tag{4-33}$$

其方差:

$$\sigma_N^2 = N_0 P(1 - P) = N_0 (1 - e^{-\lambda t}) e^{-\lambda t} = m e^{-\lambda t} \tag{4-34}$$

m 在实际操作中被看成多个测量数据的平均值。由于对煤和矸石的自然射线监测时间 t 远远小于半衰期,即 $\lambda t \ll 1$,那么式(4-35)可以简化成:

$$\sigma_N^2 = E(N) = m \tag{4-35}$$

对于放煤口大量的煤矸混合体来说,当平均值 $m \gg 1$ 时,此时二项式分布可以简化为高斯分布:

$$P(N) = \frac{1}{\sqrt{2\pi m}} e^{-\frac{(N-m)^2}{2m}} = \frac{1}{\sqrt{2\pi} \sigma_N} e^{-\frac{(N-m)^2}{2\sigma_N^2}} \tag{4-36}$$

4.4 煤矸放射性探测阈值的确定

由于煤和矸石的自然放射性强度很低,在测量的时候,其强度远远低于本底值,对这种低水平的放射性测量的过程中,就难以分辨是样品的贡献还是本底的统计涨落,因此,需要分析确定放射性测量的判断限。

对于式(4-36)的高斯分布,可以将 $P(N)$ 理解为在 N 处的概率密度函数,即 $P(N)$ 可以写成积分的形式:

$$P(N) = \int_{N-\frac{1}{2}}^{N+\frac{1}{2}} \frac{1}{\sqrt{2\pi} \sigma_N} e^{-\frac{(N-m)^2}{2\sigma_N^2}} dN \tag{4-37}$$

那么原子核衰变数落在区间 $[N_1, N_2]$ 内的概率:

$$P(N_1 \leqslant N \leqslant N_2) = \int_{N_1 - \frac{1}{2}}^{N_2 + \frac{1}{2}} \frac{1}{\sqrt{2\pi}\sigma_N} e^{-\frac{(N-m)^2}{2\sigma_N^2}} dN \qquad (4\text{-}38)$$

通常对上面的积分不做直接计算,而是根据现成的高斯分布积分数值表进行查询,如 N 落在 $m \pm \sigma_N$、$m \pm 2\sigma_N$、$m \pm 3\sigma_N$ 内的概率分别是 68.3%、95.5% 和 99.7%。

由于本底的存在,探测过程中得到的计数并不是真实计数。在计算的过程中需要去除本底,故而在测量之前应对本底进行标定,令本底计数 N_b 的测量时间为 t_b,在正式测量的过程中测量计数 N_s(包括本底)的测量时间为 t_s,这样煤矸混合物的净计数率 n 为:

$$n = n_s - n_b = \frac{N_s}{t_s} - \frac{N_b}{t_b} \qquad (4\text{-}39)$$

n 的标准误差 σ_n 为:

$$\sigma_n = \sqrt{\frac{N_s}{t_s^2} + \frac{N_b}{t_b^2}} = \sqrt{\frac{n_s}{t_s} + \frac{n_b}{t_b}} \qquad (4\text{-}40)$$

在等时间测量的情况下,样品净计数为:

$$N = N_s - N_b \qquad (4\text{-}41)$$

净计数的标准误差 σ 为:

$$\sigma = \sqrt{(\sigma_s^2 + \sigma_b^2)} \approx \sqrt{N_s + N_b} = \sqrt{N + 2N_b} \qquad (4\text{-}42)$$

对于式(4-39),由于放射性的统计涨落,不能简单地根据 $N > 0$ 或 $N = 0$ 来判断样品是否具有放射性,N 服从以 $N = 0$ 为对称轴的正态分布。

$$P(N) = \frac{e^{-N^2/2\sigma^2(0)}}{\sqrt{2\pi}\sigma(0)} \qquad (4\text{-}43)$$

由此可见,由于本底和矸石放射性的统计涨落,净计数 $N = N_s - N_b$ 将会有各种各样的数值。当 $N(N > 0)$ 很小时,样品中有无放射性就很难判定,因此需要确定一个判断的标准,即确定一个大于零的数 D,对于测出的总计数 N_s,当 $N_s > D$ 时,就确定测到了放射性。通过上面的讨论可以知道,本底计数 N_b 落在区间 $[m - 3\sigma_b, m + 3\sigma_b]$ 的概率是 99.7%,因此确定 $D = m + 3\sigma_b$ 作为放射性识别阈值标准。当 N_s 很靠近 D 时,虽然基本可以确定所测混合物具有放射性,但是此时测得的净计数相对标准误差较大,随着 N_s 的增大,其相对标准误差将减小,当测得净计数的相对标准误差小于某一预先规定的数值(一般取5%)时,可认为该数值可信。因此,取 L 作为精确判断阈值,此时 L 可以表示为某标准偏差的倍数:

$$L = K\sigma_L \qquad (4\text{-}44)$$

K 值一般取 5。

参照式(4-40),可以得到:

$$\sigma_L = \sqrt{L + 2N_b} \tag{4-45}$$

联合式(4-41)、式(4-42)可以得到:

$$L = \frac{K}{2}(1 + \sqrt{K^2 + 8N_b}) \tag{4-46}$$

即当 $N_s > L + N_b$ 时,可以认为被测混合物具有放射性且所测得数值较为逼近真实值。

4.5 测量时间对误差的影响

在本底辐射存在的情况下,对于本底测量和正式测量的时间需要进行合理的分配,以求在一定的测量时间内,对混合物中辐射强度的测量误差达到最小。令总的测量时间为 T,则有:

$$T = t_s + t_b \tag{4-47}$$

为此,对式(4-40)求极值,令:

$$\frac{\mathrm{d}\sigma_n}{\mathrm{d}t_s} = 0$$

得:

$$\frac{\mathrm{d}}{\mathrm{d}t_s}\sqrt{\frac{n_s}{t_s} + \frac{n_b}{t_b}} = \sqrt{\frac{n_s}{t_s} + \frac{n_b}{T - t_s}} = 0$$

可以得到:

$$\frac{t_s}{t_b} = \sqrt{\frac{n_s}{n_b}} \tag{4-48}$$

式(4-48)说明,当样品和本底的测量时间之比等于它们计数率的平方根之比时,测量结果的误差最小。

在这种最佳条件下计数率的相对方差为:

$$\upsilon_n^2 = \frac{\sigma_n^2}{n^2} = \frac{\dfrac{N_s}{t_s^2} + \dfrac{N_b}{t_b^2}}{(n_s - n_b)^2} \tag{4-49}$$

联合式(4-47)、式(4-48)、式(4-49)可以得到:

$$\upsilon_n^2 = \frac{1}{Tn_b\left(\dfrac{n_s}{n_b} - 1\right)^2} \tag{4-50}$$

$$t_s = \frac{\sqrt{\dfrac{n_s}{n_b}}}{1 + \sqrt{\dfrac{n_s}{n_b}}} T \tag{4-51}$$

$$t_b = \frac{1}{1 + \sqrt{\dfrac{n_s}{n_b}}} T \tag{4-52}$$

对于式(4-50),可以预先规定计数率的相对方差为 10%,取 $N_s = L + N_b$,此时可以计算出总测量时间 T、本底测量时间 t_b 以及混合物测量时间 t_s。

4.6　合理的滤波方法

目前比较成熟的滤波方法有移动平均法、加权移动平均法与指数平滑法三种。

移动平均法是指对一个时间数列进行处理时,采用取连续的 N 项平均值作为新项并逐项移动后形成一个全新的时间序列的数据处理方法。移动平均法构成的新时间序列将提高原序列的均匀度,使原时间序列曲线得以修匀而更平滑,对时间趋势的预测更精准。

令 N 为周期平均数,$X(t)$ 和 $F(t)$ 分别为在 t 时刻的实际值与预测值,代入移动平均法的预测公式:

$$F(t+1) = [X(t) + X(t-1) + \cdots + X(t-N+1)]/N \tag{4-53}$$

式(4-53)表明,第 $t+1$ 期的预测值由第 t 期之前的 N 项的移动平均值代替。可以看出,预测值的准确度与 N 的取值大小有直接关系,N 的取值关系预测灵敏度的问题。N 越小,预测值对时间序列的变化越灵敏,但较小的 N 值,将达不到对时间序列的修匀效果;N 越大,预测值对时间序列的变化越不灵敏,会产生明显的"滞后现象"。为达到滤波的效果,需要对 N 的值进行试验以选取最佳值,若经过多次试验仍无法达到需要的修匀效果,则说明不适合采用移动平均法对数据序列进行修匀。

加权移动平均法是一种修匀变量的方法。该方法发展得比较早。该方法对连续的 N 项加权算术平均得到新的拟合数项,之后逐项向后移动,得到新的拟合数列。该方法的首取值为原数列 N 项拟合算术平均值,故有一定的延迟,延迟时间 $t = Nt_s$。新的数列形成之后,把原数列的不均匀变动加以修匀,可平滑原数列曲线,对原数列的变化趋势进行拟合预测,显示时间变化趋势。

设变量数列为:$t_1, t_2, \cdots, t_x, \cdots$,加权移动平均公式为:

$$V_x = \frac{W_x t_x + W_{x-1} t_{x-1} + \cdots + W_{x-n+1} t_{x-n+1}}{W_x + W_{x-1} + \cdots + W_{x-n+1}} \tag{4-54}$$

式中　V_x——x 处的加权移动平均值；

　　　n——拟定的移动平均的项数；

　　　t_x——原始数列在 x 处的观察值；

　　　W_x——第 x 个观察值的权数。

采用加权移动平均法对时间序列进行预测时，由近期数据造成的趋势比例大，即该方法的预测值对近期数据敏感。对于季节性明显的时间序列，该方法将在季节更替的时候出现迟滞现象甚至出现偏差，故加权移动平均法不适用于季节性明显的时间序列。根据放煤口矸石混入情况，不存在季节性变化因素，且现场探测过程中要求信号反应敏捷及时，因此该方法较适合。对于项数的选择，需要在数据处理过程中进行试验确定。

布朗提出了指数平滑法，他认为时间序列的态势具有规则性或稳定性，因此时间序列可以被合理地顺势推延；对于最近的过去态势，他认为在某种程度上会持续到未来，因此他把比较大的权数放在最近的资料中。相比移动平均法，指数平滑法可以在较少的数据个数条件下进行预测，并且外推预测可以不止一期。指数平滑法的次数可以根据需要进行变动，常用的有 $1 \sim 3$ 次指数平滑法。

指数平滑法的预测公式：

$$F(t+1) = \alpha X(t) + (1-\alpha) F(t) \tag{4-55}$$

其中　$X(t)$——第 t 期的实际值；

　　　$F(t)$——第 t 期的预测值；

　　　α——平滑系数。

一次指数平滑法具有考虑观察值齐全的优势，可以根据不同时期的值赋予不同的权重并加以计算，从而使拟合预测值与实测值之间的误差更小，更能反映数列的变化趋势。

一次指数平滑法的劣势是只能对近期的数列变化趋势进行预测，且数列发展趋势限于水平发展趋势，对具有上升或下降趋势的时间序列，在上升或下降的时间段将会出现较大的预测误差，对这种时间序列适合采用二次指数平滑法进行滤波，但其算法复杂，在滤波的过程中需要更多的时间以及更强的运算能力。

4.7　小　　结

本章通过对煤矸低水平自然射线的涨落规律及测量识别的研究，得到以下结论：

（1）建立了煤矸混合模型和煤矸冒落辐射探测有效厚度模型，计算得出不同条件下煤矸混合体的混矸率与辐射强度之间的关系。

（2）对探测器本底的来源进行了分析，并确定了相应的屏蔽措施。

（3）针对放射性计数的统计涨落规律，分析了本底辐射对矸石低水平辐射探测过程的影响，确定了矸石放射性阈值、合理的探测时间及滤波方法。

5 煤矸识别试验研究

自然射线技术为煤矸识别提供了技术可行性,同时在实验室搭建了煤矸自动识别试验系统。为了进一步确定自然射线煤矸自动识别探测器的影响因素、环境本底对探测的影响规律、煤矸混合物中混矸率与辐射强度的关系,进行相关试验测定分析工作,以确定煤矸识别的指标体系和临界值。

5.1 试验目的

为验证利用煤与矸石中存在的自然射线辐射强度的差异来对综放工作面放煤口矸石混入情况进行识别判断的可行性,并对煤和矸石的辐射特征指标体系及判断阈值进行分析,在实验室利用煤矸自动识别试验系统进行试验。

5.2 试验仪器及材料

(1)煤矸自动识别试验系统

煤矸自动识别试验系统包括煤矸自动识别试验台和煤矸自然射线测量系统两部分。

(2)煤、矸石样品

样品分别取自同煤集团同忻煤矿某综放工作面、同煤集团忻州窑煤矿某综放工作面、兖矿集团兴隆庄煤矿某综放工作面及兖矿集团南屯煤矿某综放工作面、伊泰集团酸刺沟煤矿某综放工作面、平朔集团井工二矿某综放工作面、龙口矿务局北皂煤矿某海域综放工作面。

(3)工具

试验工具如图5-1所示。包括电子秤、恒温恒湿养护箱、搅拌机等。

(a)

(b)

(c)

(d)

(e)

图 5-1　试验工具

5.3 试验方案

5.3.1 煤及矸石辐射强度标定

（1）环境本底辐射测试

任何环境中都存在辐射，故而在使用探测器对矸石辐射强度进行测量之前需要对环境本底辐射值进行探测，以确定所使用探头的辐射基准。设置探头采样周期为 1 000 ms，固定探头位置后对环境本底辐射进行测量，并将测量结果记录于表中。

（2）碎煤辐射测量

分别将不同工作面煤样破碎，然后置于探测器上方进行辐射测量，分别将其质量和辐射值记录于表中。

（3）矸石辐射测量

分别将不同工作面顶板矸石破碎，然后置于探测器上方进行辐射测量，分别将质量和辐射值记录于表中。

5.3.2 探测距离对探测的影响规律

1）探头本底漂移测试

采用自然射线法对综放开采放顶煤进行煤矸识别，是低水平放射性测量的过程，该过程中的计数具有统计涨落规律，客观存在，因而需要对探头的精度漂移进行测试。将探头降至与平台接触，空测 5 次，每次约 1 min，找出实测值的平均值、最大值和最小值。由于在现场需要数据实时显示，为得到尽量多的数据，这里采样周期确定为 100 ms，以下不再赘述。

2）辐射与探测距离关系测试

（1）本底环境辐射随探测距离的变化规律

在测量矸石辐射与探测距离的关系之前，对本底进行标定，标定时间约为 1 min，最终标定值为该次测量的平均值，探头与平台平面相距 5 cm 时进行第一次本底标定，之后每次将探头提高 2 cm 再对本底值进行标定，直至升降千斤顶满行程，分别记录探测强度，得到探测距离与辐射强度的关系曲线。

（2）小面积矸石辐射随探测距离的变化规律

将 59.25 kg 碎矸石平铺在探头正下方平台上，其长、宽、厚分别为 107 cm、101 cm、3.3 cm，铺设完成后将探头降至距离平台平面 5 cm 后开始测量辐射值，之后每次将探头提高 2 cm 再对辐射值进行测量，直至升降千斤顶满行程，分别记录探测强度,得到探测距离与辐射强度的关系曲线。

（3）大面积矸石辐射随探测距离的变化规律

将 200 kg 碎矸石平铺在探头正下方平台上,其长、宽、厚分别为 342 cm、101 cm、3.3 cm,铺设完成后将探头降至距离平台平面 5 cm 后开始测量辐射值,之后每次将探头提高 2 cm 再对辐射值进行测量,直至升降千斤顶满行程,分别记录探测强度,得到探测距离与辐射强度的关系曲线。

（4）大面积矸石辐射随厚度的变化规律

为分析不同厚度矸石的辐射强度变化规律及极限矸石厚度,验证煤矸识别模型,制作长、宽、高分别为 160 cm、160 cm、140 cm 的容器,在底层依次平铺 5 cm、10 cm、…、50 cm 厚矸石,将探测器至于矸石层中央位置,探测不同厚度条件下矸石的辐射强度。

5.3.3　混矸率与辐射强度关系

将质量为 1 t 的煤混以 5%、10%、…、50%比例的矸石,铺在试验框架中,将探测器置于混合物中间正上方,分别测量不同混矸率条件下的辐射强度。

5.3.4　湿度与温度对探测的影响

（1）湿度对探测的影响

将探头放置在恒温恒湿箱的正上方,将探测面朝下,探测箱中矸石辐射强度随湿度的变化规律,箱中温度恒温在室温 21 ℃,测量过程中矸石与探头位置保持不变。

（2）温度对探测的影响

将探头放置在恒温恒湿箱的正上方,将探测面朝下,探测箱中矸石辐射强度随温度的变化规律,箱中湿度恒湿在 60%,测量过程中矸石与探头位置保持不变。

5.3.5　煤厚度对屏蔽的影响规律

为分析不同厚度煤层对矸石辐射的屏蔽效果,验证煤矸识别模型,制作长、宽、高分别为 160 cm、160 cm、140 cm 的容器,在底层平铺 50 cm 厚破碎后的矸石,其块度小于 5 cm,依次在矸石层上方平铺 2 cm、4 cm、…碎煤,将探头置于矸石层中央位置,探测不同煤层厚度条件下矸石的辐射强度。

5.3.6　放顶煤模拟试验

通过煤矸识别试验台模拟顶煤放落流动过程并对其中的矸石辐射特征进行

测量。首先将 300 kg 煤装在放煤漏斗底部,将漏斗倾斜 30°,让煤呈现自然平衡,再装入矸石直至漏斗装满,将漏斗放到试验台平台上并固定,将探头与平台距离调整至 10 cm。举升平台至与地面夹角为 30°后,打开监测软件测量 1 min本底后,打开漏斗闸板,开始放煤并监测数据;当数据上升到最高点后,缓慢关闭闸板后再打开,查看探头对煤流中矸石的响应性能。

5.4 试验结果分析

5.4.1 煤及矸石辐射强度标定

1) 环境本底辐射测试

对环境本底辐射进行测试,具体参数见表 5-1。

表 5-1 环境本底辐射参数

项目	采样周期/ms	测量时间/s	最小值/cps	最大值/cps	差值/cps	平均值/cps
参数	1 000	406	1 165	1 361	196	1 260.4

表 5-1 是对试验环境的本底辐射进行探测得到的,采用 1 000 ms 的采样周期,总测量数据为 406 个,其中本底探测值的最大值为 1 361 cps,最小值为 1 165 cps,平均值为 1 260.4 cps。

图 5-2 为实测数据分布曲线。

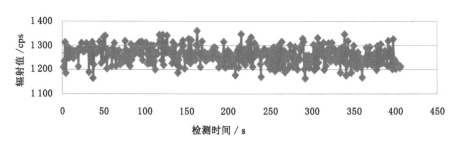

图 5-2 环境本底辐射曲线

由图 5-2 和表 5-1 可以知道,所测量的数据具有不稳定性,最大值与平均值的差值达平均值的 7.98%,最小值与平均值的差值达平均值的 7.57%。图 5-3为实测数据频率分布图。

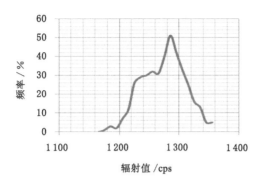

图 5-3　实测数据频率分布图

由图 5-3 可以看出,实测数据出现在平均值附近的频率较高,距离平均值越远,频率越低,在平均值 5％的差值范围内(1 197～1 323 cps)出现的数据个数为 378 个,占整个测量数据量的 93.1％。且本底值在超过平均值之后的频率下降较快,这说明超过平均值的实测值较少,这样有利于减少本底对矸石辐射探测的影响。

以上对环境本底的探测体现了辐射探测计数客观存在的统计涨落规律。通过第 4 章的讨论可知,计数 N 落在 $m \pm \sigma_N$、$m \pm 2\sigma_N$、$m \pm 3\sigma_N$ 内的概率分别是 68.3％、95.5％和 99.7％。根据第 4 章的讨论及式(4-22)和式(4-33),可以得到:

$$E_b(n) = 1\ 260.4$$
$$\sigma_b = \sqrt{E_b(n)} = 35.5$$
$$D_+ = m + 3\sigma_b = 1\ 366.9$$
$$D_- = m - 3\sigma_b = 1\ 153.9$$
$$L = \frac{K}{2}(1 + \sqrt{K^2 + 8N_b}) = 253.8$$

通过对比表 5-1 与 D_+、D_- 可以看出,本底探测值均在(D_-,D_+)范围内,这说明探测器的选型和设计是合理的,能够满足低水平辐射的探测要求。

取相对方差为 10％,$N_s = L + N_b$,此处本底测量时间为单位时间 1 s,所以 $n_s = L + n_b$,代入式(4-47)、式(4-48)、式(4-49)得:

$$T = \frac{1}{v_n^2 n_b \left(\dfrac{n_s}{n_b} - 1\right)^2} = 1.96\ (s)$$

$$t_{s} = \frac{\sqrt{\dfrac{n_{s}}{n_{b}}}}{1 + \sqrt{\dfrac{n_{s}}{n_{b}}}} T = 1.025 \text{ (s)}$$

$$t_{b} = \frac{1}{1 + \sqrt{\dfrac{n_{s}}{n_{b}}}} T = 0.935 \text{ (s)}$$

通过上述计算可知,总测量时间为 1.96 s,较短且可以满足实时显示的需要,环境本底测量时间和混合物测量时间差异很小,在下面的测量过程中采取"等值计算"的方法且 $t_{s} = t_{b} = 1$ s。

采用加权移动平均法对所测得的环境本底辐射值进行滤波,选取滤波因子为 100,得到图 5-4 所示滤波曲线(扫描图中二维码获取彩图,下同)。

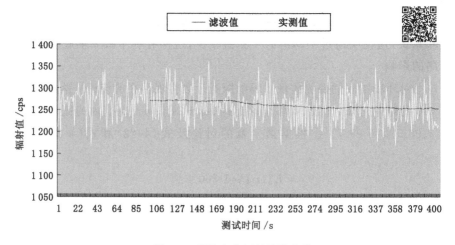

图 5-4 环境本底辐射滤波曲线

由图 5-4 可以看出,利用加权移动平均法对环境本底辐射强度曲线进行处理后得到的曲线较为平稳,处理后所得数据的最大值、最小值之间的差值仅为平均值的 1.7%,这说明加权移动平均法对于自然射线辐射强度曲线的处理具有很强的修匀能力。

2)碎煤辐射测量

分别对所取工作面煤样进行辐射测量。将探头探测面朝上,上面放置纸箱,在纸箱中分别加入 0 cm、3 cm、6 cm、9 cm、12 cm 厚的碎煤并对其辐射值进行测量,不同工作面顶煤探测所得数据见表 5-2 至表 5-8。

表 5-2 同忻煤矿煤样辐射值

项目	采样周期 /ms	测量时间 /s	空箱均值 /cps	3 cm 煤值 /cps	6 cm 煤值 /cps	9 cm 煤值 /cps	12 cm 煤值 /cps
参数	1 000	900	1 228.07	1 178.15	1 190.39	1 208.93	1 211.90

表 5-3 忻州窑煤矿煤样辐射值

项目	采样周期 /ms	测量时间 /s	空箱均值 /cps	3 cm 煤值 /cps	6 cm 煤值 /cps	9 cm 煤值 /cps	12 cm 煤值 /cps
参数	1 000	900	1 228.07	1 242.34	1 244.48	1 248.36	1 251.17

表 5-4 兴隆庄煤矿煤样辐射值

项目	采样周期 /ms	测量时间 /s	空箱均值 /cps	3 cm 煤值 /cps	6 cm 煤值 /cps	9 cm 煤值 /cps	12 cm 煤值 /cps
参数	1 000	900	1 228.07	1 195.32	1 203.23	1 231.29	1 221.53

表 5-5 南屯煤矿煤样辐射值

项目	采样周期 /ms	测量时间 /s	空箱均值 /cps	3 cm 煤值 /cps	6 cm 煤值 /cps	9 cm 煤值 /cps	12 cm 煤值 /cps
参数	1 000	900	1 228.07	1 231.55	1 234.48	1 236.36	1 243.71

表 5-6 酸刺沟煤矿煤样辐射值

项目	采样周期 /ms	测量时间 /s	空箱均值 /cps	3 cm 煤值 /cps	6 cm 煤值 /cps	9 cm 煤值 /cps	12 cm 煤值 /cps
参数	1 000	900	1 228.07	1 181.22	1 193.54	1 201.79	1 210.52

表 5-7 北皂煤矿煤样辐射值

项目	采样周期 /ms	测量时间 /s	空箱均值 /cps	3 cm 煤值 /cps	6 cm 煤值 /cps	9 cm 煤值 /cps	12 cm 煤值 /cps
参数	1 000	900	1 228.07	1 227.08	1 234.85	1 243.24	1 249.09

表 5-8 平朔井工二矿煤样辐射值

项目	采样周期 /ms	测量时间 /s	空箱均值 /cps	3 cm 煤值 /cps	6 cm 煤值 /cps	9 cm 煤值 /cps	12 cm 煤值 /cps
参数	1 000	900	1 228.07	1 230.42	1 234.55	1 240.27	1 243.06

通过对煤样的测试,发现煤中的辐射值非常小。由于煤层铺设于探测器上面,对周围的环境本底起到一定的屏蔽作用,在测量过程中甚至出现松散煤体对周围环境辐射的屏蔽大于自身的辐射贡献的情况。

下面以同忻煤矿所取煤样为例,对其辐射值进行分析。

图 5-5 为同忻煤矿煤样辐射值。图 5-6 为同忻煤矿煤样辐射对比图,其中横轴的样品 1、2、3、4、5 分别对应表 5-2 中的空箱、3 cm 煤厚、6 cm 煤厚、9 cm 煤厚、12 cm 煤厚,每次测量时间均为 180 s。

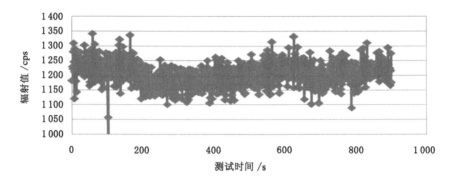

图 5-5　同忻煤矿煤样辐射值

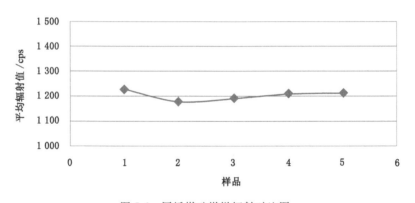

图 5-6　同忻煤矿煤样辐射对比图

由表 5-2、图 5-5 和图 5-6 可以看出,同忻煤矿煤样辐射值几乎为零,在起初放入第一份煤样的时候,辐射值减小,这说明 3 cm 厚煤样对环境本底的屏蔽大于自身辐射的贡献;随着煤厚的增加,煤样自身的辐射贡献增大,但总体低于自身屏蔽值,辐射值有微弱的增长趋势,但整体增幅很小。

不同矿井工作面的煤质不同,其灰分、成煤环境与成煤时间也不同,因而造成彼此之间辐射值有差异。在所取工作面煤样中,同忻煤矿、兴隆庄煤矿及酸刺沟煤矿的煤样辐射值较小，其自身辐射贡献小于对环境本底的屏蔽；北皂煤矿所取煤样的辐射强度相对最大，但也未超过本底的涨落范围。据此，判定煤对辐射具有一定的屏蔽作用，其辐射可忽略不计。

　　3）矸石辐射测量

　　分别对所取工作面矸石样进行辐射测量。将探头探测面朝上，上面放置纸箱，在纸箱中分别加入 0 cm、3 cm、6 cm、9 cm、12 cm 厚的矸石并对其辐射值进行测量，测量结果见表 5-9。

表 5-9　矸石辐射值

样品产地	同忻煤矿	忻州窑煤矿	兴隆庄煤矿	南屯煤矿	酸刺沟煤矿	北皂煤矿	平朔井工二矿	均值
单位质量辐射强度/(cps/s)	6.42	7.90	6.35	5.20	9.70	17.67	3.31	8.08
采样周期/ms	1 000	1 000	1 000	1 000	1 000	1 000	1 000	1 000

　　如表 5-9 所示，所取样的 7 个综放工作面辐射强度平均值为 8.08 cps/(kg·s)，北皂煤矿矸石辐射强度最大，达 17.67 cps/(kg·s)，这是因为北皂煤矿属于海域型含煤岩系且其成岩时间相对较短，顶板岩石又属于具有较强吸附能力的页岩，故其放射性物质含量较大。平朔井工二矿矸石辐射强度最小，为 3.31 cps/(kg·s)。不同矿井工作面的顶板岩性不同，成岩环境与成岩时间也不同，因而彼此之间辐射值有差异，在采样周期为 1 000 ms 的情况下，环境本底辐射以 1 260.4 cps 计算的话，其计数涨落区间为(1 152,1 366)，以辐射值最低的平朔井工二矿矸石为例，32.6 kg 的矸石产生的辐射将大于本底辐射的计数涨落最大值，这说明在探测器探测范围内出现32.6 kg 矸石即可以认为探测值不在本底统计涨落范围之内了，此时就可以明显观察到矸石混入引起的变化。以放煤口放煤量 0.1 t/s 计算，欲在 20% 混矸率时辐射计数超过本底计数涨落的最大值，则单位质量矸石的辐射强度需达到 5 cps/s，大部分工作面顶板满足该要求。

　　下面以同忻煤矿矸石样品做测试（表 5-10 和图 5-7）。

表 5-10　同忻煤矿顶板岩样辐射值

项目	采样周期/ms	测量时间/s	0 kg 岩辐射均值/cps	18.4 kg 岩辐射均值/cps	23.2 kg 岩辐射均值/cps	32.5 kg 岩辐射均值/cps	44.1 kg 岩辐射均值/cps	49.6 kg 岩辐射均值/cps	66.8 kg 岩辐射均值/cps
参数	1 000	560	1 260.4	1 389.7	1 409.3	1 495.8	1 593.2	1 662.4	1 663.4

图 5-7　矸石样品

对同忻煤矿 8105 工作面顶板岩样辐射值进行测定，每份岩样分别测试 80 s。由图 5-8 可以看出，随着岩石量的增加，所测得辐射值呈上升趋势，相对煤样上升趋势明显很多。从图 5-8 和表 5-10 中可以看出，矸石量在 18.4 kg 时，其辐射值为 1 389.7 cps，已经达到环境本底辐射值的 110.3％，这说明该探测器对矸石分辨率较高。随着岩样质量的增加，辐射值基本上呈线性关系增加，当岩样质量达到一定值或者说岩样厚度达到一定值后，辐射值增加不再明显，即接近辐射饱和厚度。达到饱和辐射的矸石质量仅为 50 kg 左右，这在综放工作面放煤过程中很容易达到，故该探测器在放煤口附近探测混合物中混矸率所需要的条件较容易满足。

5.4.2　探测距离对探测的影响规律测试

1）探头本底漂移测试

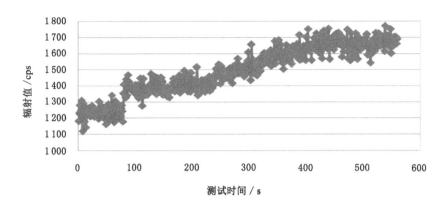

图 5-8　同忻煤矿 8105 工作面顶板岩样辐射值

将探头降至与平台接触，测量 5 次环境本底，每次约 1 min，具体探测值如表 5-11 所示。

表 5-11　探头本底漂移测试值

次序	1	2	3	4	5
平均值/cps	115.990 48	117.329 20	117.472 22	116.358 69	117.541 85
最大值/cps	149	162	157	161	150
最大值与平均值比值/%	128.46	138.07	133.65	138.37	127.61
最小值/cps	76	88	85	79	85
最小值与平均值比值/%	65.52	75.00	72.36	67.89	72.31

注：采样周期为 100 ms。

从表 5-11 和图 5-9 中可以看出，每一次测量过程中，探头实测值的漂移程度都很大，最大值和最小值与平均值的最大比值分别为 138.37%、65.52%，且每次测量的最大值和最小值之间的差异也较大，线性相关度低，但平均值差异不大，5 次测量的均值之间的差异均在 1% 以内，这说明每次测量过程中虽然数值发生较大变化，但均值较稳定，可以将均值作为数据分析的基础。

探头的探测漂移给阈值的判断和确定造成困难，因而需要对数据进行合理的滤波处理，从而反映出被测物的真实辐射值并与阈值进行对比，进而对下一步的操作进行指导。

在第 4 章中提到加权移动平均法是一种简单有效的滤波方法，其作用是对不规则变动加以修匀，使变动趋于平滑，并对其趋势进行预测。下面找出探头本

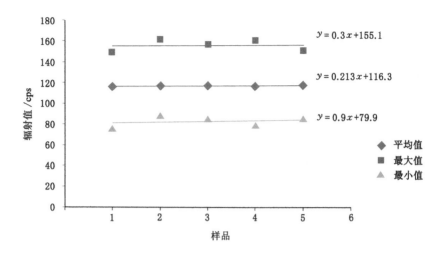

图 5-9　探头本底漂移测试值

底漂移测试数据滤波后其值的平均值、最大值和最小值,具体见表 5-12。

表 5-12　探头本底漂移测试滤波值

次序	1	2	3	4	5
平均值/cps	115.87	117.00	117.38	116.32	117.56
最大值/cps	119.54	122.13	121.25	121.58	121.15
最大值与平均值比值/%	103.17	104.38	103.30	104.52	103.05
最小值/cps	112.08	113.19	113.54	111.71	111.63
最小值与平均值比值/%	96.73	96.74	96.73	96.04	94.96

注:采样周期为 100 ms,滤波因子为 50。

从表 5-12 和图 5-10 中可以看出,探测值经过滤波后,每次测量的均值几乎与实测数据均值一致,数据变化很小,滤波后的最大值和最小值与平均值的偏离都控制在 5% 以内,拟合曲线的相关系数也大大增加。采用的滤波因子为 50,采样周期为 100 ms,故在 5 s 后即可以得到滤波值。加权移动平均法对近期的趋势较敏感,因而可以及时地反映放煤口煤矸混合流中矸石的辐射强度的变化,故加权移动平均法较适用于放煤口混矸率测量数据的处理。

2)辐射与探测距离关系测试

(1)本底环境辐射随探测距离的变化规律测试

环境本底辐射强度探测见图 5-11。

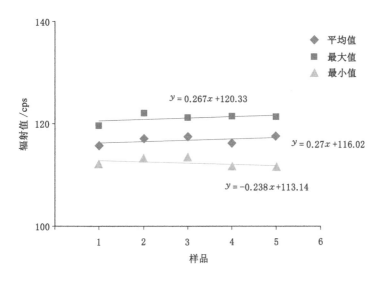

图 5-10　探头本底漂移测试滤波值

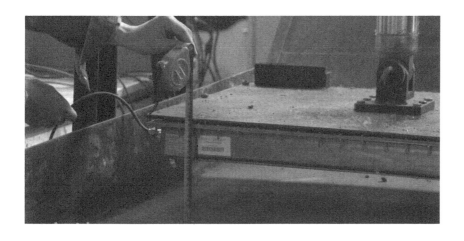

图 5-11　环境本底辐射强度探测

由于不同位置的环境辐射本底值不同,故需要在测量矸石辐射与探测距离的关系之前,对本底进行标定,标定时间约为 1 min,最终标定值为该次测量的平均值,探头与平台平面相距 5 cm 进行第一次本底标定,之后每次将探头提高 2 cm 再对本底值进行标定,直至升降千斤顶满行程。所测值如表 5-13 所示。

表 5-13　环境本底随探测距离的变化规律

距离/cm	5	7	9	11	15	17	19
辐射值/cps	124.93	123.99	122.44	122.24	121.49	121.17	120.07
距离/cm	21	23	25	27	29	31	33
辐射值/cps	120.57	120.25	120.3	118.25	117.09	117.67	118.18
距离/cm	35	37	39	41	43	45	47
辐射值/cps	117.47	118.20	116.59	117.54	118.04	118.19	118.56
距离/cm	49	51	53	55	57	59	61
辐射值/cps	117.85	117.41	116.61	116.86	116.44	116.68	116.36

备注:采样周期为 100 ms。

表 5-13 描述的是探测器距离平台不同距离条件下的环境本底,环境本底主要来自实验室大理石地面,随着探测器的探测面与实验室地面的距离越来越远,其本底值相对减小,减小趋势见图 5-12。

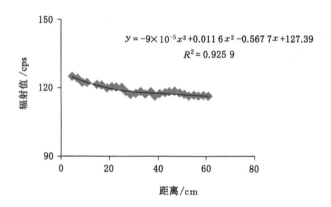

$$y = -9 \times 10^{-5} x^3 + 0.011\,6 x^2 - 0.567\,7 x + 127.39$$
$$R^2 = 0.925\,9$$

图 5-12　环境本底随探测距离的变化规律

（2）小面积矸石辐射随探测距离的变化规律测试

小面积矸石辐射随探测距离的变化规律测试见图 5-13。

将 59.25 kg 碎矸石平铺在探头正下方平台上,其长、宽、厚分别为 107 cm、101 cm、3.3 cm,铺设完成后将探头降至距离平台平面 5 cm 后开始测量辐射值,之后每次将探头提高 2 cm 再对辐射值进行测量,直至升降千斤顶满行程。所测值如表 5-14 所示。

图 5-13　小面积矸石辐射随探测距离的变化规律测试

表 5-14　小面积矸石辐射随探测距离的变化规律

距离/cm	5	7	9	11	15	17	19
总辐射值/cps	267.99	261.56	252.16	245.59	238.39	230.27	223.84
矸石辐射值/cps	143.06	137.57	129.72	123.35	116.90	109.10	103.77
距离/cm	21	23	25	27	29	31	33
总辐射值/cps	219.59	210.46	204.24	198.90	194.07	188.56	186.12
矸石辐射值/cps	99.02	90.21	83.94	80.65	76.98	70.89	67.94
距离/cm	35	37	39	41	43	45	47
总辐射值/cps	180.88	176.95	173.54	170.89	166.85	163.13	161.16
矸石辐射值/cps	63.41	58.75	56.95	53.35	48.81	44.94	42.60
距离/cm	49	51	53	55	57	59	61
总辐射值/cps	158.88	156.76	153.96	152.71	150.87	149.41	146.41
矸石辐射值/cps	41.03	39.35	37.35	35.85	34.43	32.73	30.05

注:采样周期为 100 ms。

表 5-14 描述的是不同探测距离情况下探测器探测得到的小面积矸石辐射强度,包含本底,将不同探测距离条件下的辐射强度减去对应的本底,即可得到矸石辐射强度的真实值。分别将总辐射强度(含本底)随探测距离变化曲线与真实辐射强度随探测距离变化曲线呈现于图 5-14 中。

（3）大面积矸石辐射随探测距离的变化规律测试

将 200 kg 碎矸石平铺在探头正下方平台上,其长、宽、厚分别为 342 cm、101 cm、3.3 cm,铺设完成后将探头降至距离平台平面 5 cm 后开始测量辐射值,

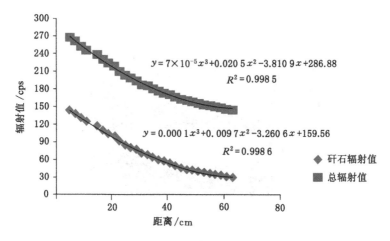

图 5-14　小面积矸石辐射随探测距离的变化规律

之后每次将探头提高 2 cm 再对辐射值进行测量,直至升降千斤顶满行程。所测值如表 5-15 所示。

表 5-15　大面积矸石辐射随探测距离的变化规律

距离/cm	5	7	9	11	15	17	19
总辐射值/cps	280.46	274.90	268.48	261.20	257.20	248.13	245.72
矸石辐射值/cps	155.53	150.91	146.04	138.96	135.71	126.96	125.65
距离/cm	21	23	25	27	29	31	33
总辐射值/cps	238.27	234.70	231.27	224.17	219.05	215.54	212.49
矸石辐射值/cps	117.70	114.45	110.97	105.92	101.96	97.87	94.31
距离/cm	35	37	39	41	43	45	47
总辐射值/cps	206.70	203.28	202.54	198.63	195.72	192.85	190.10
矸石辐射值/cps	89.23	85.08	85.95	81.09	78.04	74.66	71.54
距离/cm	49	51	53	55	57	59	61
总辐射值/cps	188.54	185.15	182.60	179.10	176.06	175.66	173.52
矸石辐射值/cps	70.69	67.74	65.99	62.24	59.62	58.98	57.16

注:采样周期为 100 ms。

　　表 5-15 描述的是不同探测距离情况下探测器探测得到的大面积矸石辐射强度,包含本底,将不同探测距离条件下的辐射强度减去对应的本底,即可得到矸石辐射强度的真实值。分别将总辐射强度(含本底)随探测距离变化曲线与真实辐射强度随探测距离变化曲线呈现于图 5-15 中。

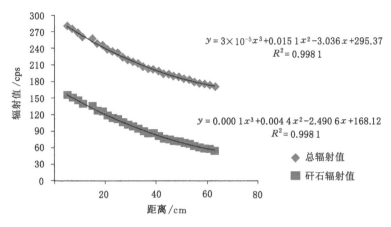

图 5-15 大面积矸石辐射随探测距离的变化规律

对比图 5-14 和图 5-15 可知,大面积矸石辐射强度相较小面积矸石的大,但不同面积的矸石在不同探测距离情况下的辐射强度曲线变化趋势相似,这从拟合曲线的各项系数及常数可以确认。这说明在对不同质量矸石辐射强度探测条件下,仍能得到一致的规律,从而进一步确认自然射线探测系统对矸石低水平辐射探测的适应性。

（4）大面积矸石辐射随厚度的变化规律测试

为分析不同厚度矸石辐射强度的变化规律及极限矸石厚度,验证煤矸识别模型,制作长、宽、高分别为 160 cm、160 cm、140 cm 的容器,在底层依次平铺 5 cm、10 cm、…、50 cm 厚矸石,将探测器置于矸石层中央位置,探测不同厚度条件下矸石的辐射强度,具体见图 5-16。对同一个厚度样品测量 3 min,取所测数据的平均值作为该厚度的辐射强度,详细数据记录于表 5-16 中。

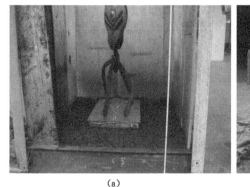
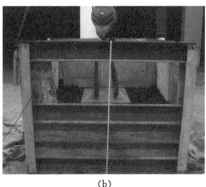

(a)　　　　　　　　　　　　　(b)

图 5-16 大面积不同厚度矸石条件下矸石辐射强度探测

表 5-16　不同厚度条件下矸石的辐射值

厚度/mm	0	50	100	150	200	250	300	350	400	450	500
辐射值/cps	127.7	160.1	183.4	199.4	213.2	220.7	223.4	224.5	228.3	227.2	225.5

注:采样周期为 100 ms。

表 5-16 描述了不同厚度条件下矸石的辐射强度,包含本底辐射,将两者的变化曲线描述于图 5-17 中。

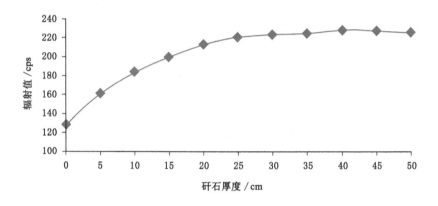

图 5-17　矸石辐射强度随厚度变化曲线

由图 5-17 可以看出,随着矸石厚度的增加,辐射强度不断增加,但两者之间不是线性关系,当矸石厚度增加至一定程度后其辐射强度的变化不再明显;当矸石厚度为 400 mm 时,辐射强度已达到最大值,此时再增加矸石厚度其辐射强度不再增加。这说明对于碎矸来说,其辐射饱和厚度大约为 400 mm。

由于矸石不是一个整体,碎矸之间具有一定的空隙,这样就存在反射面,故碎矸自身吸收系数大于整块矸石,第 4 章中计算整块矸石的饱和厚度为 614 mm,这里碎矸饱和厚度的实测值为 400 mm,符合理论分析结果。当采用自然射线法测量综放支架后方煤矸分界线时,顶板厚度应在 400 mm 以上,很显然绝大多数工作面满足这一条件。

5.4.3　混矸率与辐射强度关系测试

将质量为 1 t 的煤均匀混以 5%、10%、…、50% 比例的矸石,铺在试验框架中,将探测器置于混合物中间正上方,分别测试不同混矸率条件下辐射强度,探测情况见图 5-18。

图 5-18　不同混矸率煤矸混合物辐射强度探测

计算不同矸石比例条件下矸石的质量,通过电子秤称量后与煤在搅拌机中混合均匀后置于容器中铺平,将探测器置于混合物中间,对其辐射强度进行探测,同一矸石比例条件下测量时间为 3 min,采样周期为 100 ms,将所测数据取平均值作为该混矸率条件下的辐射强度,具体数据见表 5-17。

表 5-17　不同混矸率煤矸混合物辐射值

混矸率/%	0	5	10	15	20	25	30	35	40	45
辐射值/cps	163.37	164.51	163.85	165.98	167.09	168.4	168.91	172.98	173.46	176.34

注:采样周期为 100 ms。

由图 5-19 及表 5-17 可知,随着混矸率的增加,辐射强度逐渐增加,但辐射强度与混矸率不是正比关系,随着混矸率的增加,辐射强度增加幅度逐渐增大。这是由于随着混矸率的增加,混合物中只吸收辐射不产生辐射的煤逐渐减少,同时产生辐射的矸石逐渐增多,从而造成辐射强度增加幅度逐渐增大,这与第 4 章建立的理论模型计算结果相符。

5.4.4　湿度与温度对探测的影响

1)湿度对探测的影响

环境湿度与温度对探测影响规律测试见图 5-20。

探头放置在恒温恒湿箱的正上方,将探测面朝下,探测箱中矸石辐射强度随湿度的变化规律,箱中温度恒温在室温 21 ℃,测量过程中矸石与探头位置保持

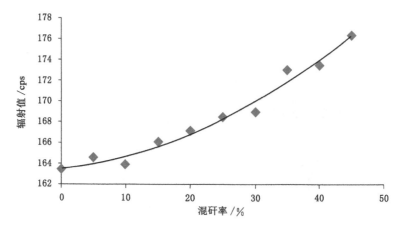

图 5-19　不同混矸率煤矸混合物辐射强度

图 5-20　环境湿度与温度对探测影响规律测试

不变,具体辐射值数据见表 5-18。

表 5-18　不同湿度条件下矸石辐射值

湿度/%	10	20	30	40	50	60	70
辐射值/cps	356.24	357.13	356.83	357.55	336.31	338.27	337.53

注:采样周期为 100 ms。

表 5-18 为在恒定室温 21 ℃,不同湿度条件下矸石的辐射值,图 5-21 是根据表 5-18 中的数据画出的变化曲线。从表 5-18 及图 5-21 中可以得出,空气湿度在 40% 和 50% 之间时对探头的探测有一定的影响,在其他湿度下辐射值变化很小。

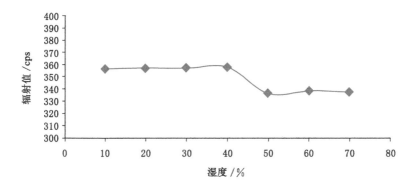

图 5-21　不同湿度条件下矸石的辐射强度

2）温度对探测的影响

将探头放置在恒温恒湿箱的正上方,将探测面朝下,探测箱中矸石辐射强度随温度的变化规律,箱中湿度恒湿在 60%,测量过程中矸石与探头位置保持不变,具体辐射值数据见表 5-19。

表 5-19　不同温度条件下矸石辐射值

温度/℃	21	23	25	27	29	31	33	35	37	39
辐射值/cps	338.27	343.18	336.20	329.72	336.12	335.33	331.00	332.18	340.50	330.59

注:采样周期为 100 ms。

由表 5-19 和图 5-22 可知,随着温度的升高,探头探测到的辐射强度整体上呈下降趋势,但中间有一定程度的波动,这可能是由于温度的变化影响了探测器中闪烁体及光电倍增管的工作稳定性。因此,探测器在非稳定温度环境下工作时需配备温度传感器,以反映探测器探测数值的准确性。

5.4.5　煤厚度与屏蔽规律试验

为分析煤层厚度对矸石辐射屏蔽效果的影响,验证煤矸识别模型,制作长、宽、高分别为 160 cm、160 cm、140 cm 的容器,在底层平铺 50 cm 厚破碎的矸石,其块度小于 5 cm,依次在矸石层上方平铺 2 cm、4 cm、…碎煤,将探头置于矸

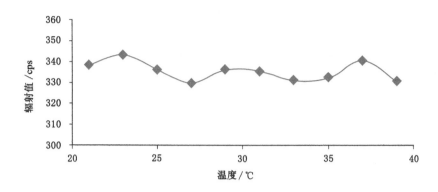

图 5-22 不同温度条件下矸石的辐射强度

石层中央位置,探测不同煤层厚度条件下矸石的辐射强度。从表 5-20 及图 5-23 中可以看出,随着煤层厚度的增加,所探测到的矸石辐射强度减小,当煤层厚度增加到 20 cm 后,辐射强度不再变化,这说明 20 cm 厚的碎煤可以屏蔽矸石发出的射线。这一特征可避免邻架煤矸分布情况的影响。

表 5-20 不同煤层厚度条件下的矸石辐射值

煤层厚度/cm	0	2	4	6	8	10	12
辐射值/cps	216.75	207.93	200.04	193.45	189.34	185.38	182.43
煤层厚度/cm	14	16	18	20	22	24	26
辐射值/cps	180.25	178.04	174.97	170.51	164.48	165.01	164.34

注:采样周期为 100 ms。

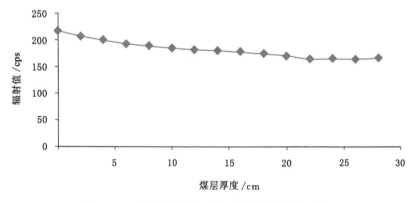

图 5-23 不同厚度煤层对矸石辐射强度屏蔽曲线

5.4.6 放顶煤模拟试验

模型铺设原理图如图 5-24 所示,放顶煤模拟试验如图 5-25 所示。

图 5-26 是煤矸识别试验台模拟顶煤与矸石放落过程中探测器所探测到的矸石辐射强度变化曲线,试验过程中煤矸流的厚度为 5 cm。截取其中一部分,得到图 5-27,从图中可以看出,在打开放煤口后,放煤口辐射强度在保持一段时间的平稳之后迅速上升,这表明在放煤口刚刚打开时流出的碎煤几乎没有放射性;当放煤口流出物逐渐由碎煤变成煤矸混合物直至全部变为矸石时,探测器探测到的辐射强度随着矸石量的增加而增大,此过程持续 4.4 s;此后关闭放煤口,则辐射强度随着放煤口的减小而减小,此过程持续 5.8 s;当再次打开放煤口后辐射强度曲线再次上升,随着漏斗中矸石的逐渐减少,放煤口流出矸石量变少,探测到的辐射强度曲线再次平稳下降至本底值。

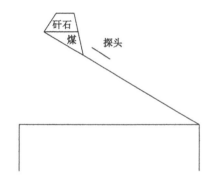

图 5-24　模型铺设原理图

图 5-25　放顶煤模拟试验

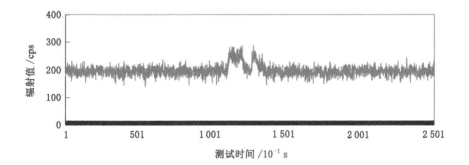

图 5-26　放顶煤模拟实测曲线

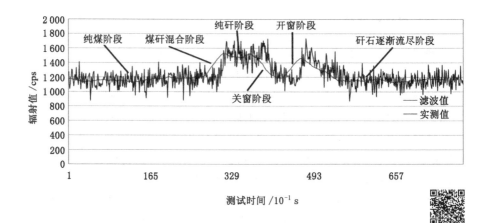

图 5-27　实测矸石辐射强度与滤波曲线

从图 5-26 中可以看出放煤过程中探测数据的大致趋势,但数据的离散比较大,采取加权移动平均法对探测数据进行处理,滤波因子分别选为 5、10、20、30 和 40。

由图 5-28 可以看出,采用加权移动平均法对实测辐射值进行滤波时,不同的滤波因子对曲线的滤波效果不同。当滤波因子较大时,滤波后曲线较平稳,但趋势预测有延迟,当滤波因子大于 30 时,滤波曲线在上升阶段相对实测曲线有明显延迟;而当滤波因子小于 20 时,滤波曲线在平稳阶段波动严重,影响判断。因而滤波因子在 20~30 之间较合适。

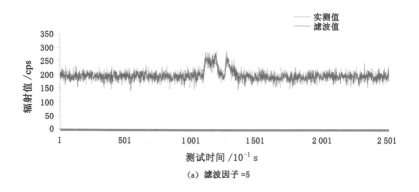

(a) 滤波因子 =5

图 5-28　不同滤波因子条件下滤波效果

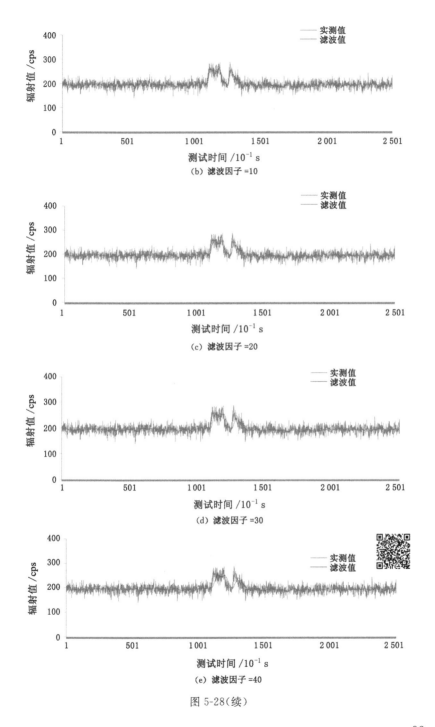

（b）滤波因子 =10

（c）滤波因子 =20

（d）滤波因子 =30

（e）滤波因子 =40

图 5-28（续）

本次放顶煤模拟测试的结果验证了采用自然射线技术进行放顶煤煤矸识别的可靠性,该技术能够精确探测放煤口煤矸流中矸石含量的变化并实时响应,进而对放煤口的动作作出指导。

5.5 煤矸识别指标体系和临界值的确定

根据现场调研,混矸率一般控制在 10%,此时瞬时混矸率在 35% 左右,顶煤的回收率可以达到 90% 以上。采用自然 γ 射线技术进行煤矸识别时,为了达到该顶煤回收率,需要精确识别放煤口煤矸流中的瞬时混矸率,因而需要确定对煤矸识别产生影响的要素,即确定综放开采煤矸识别技术指标体系和关窗临界值。在以后的试验及现场应用的过程中,将参考该指标体系进行自然 γ 射线煤矸自动识别技术适用性及使用过程判断指标的确定。

(1)对采用或即将采用综放开采的厚煤层直接顶矸石辐射特征进行标定,确定直接顶矸石的辐射强度,工作面单位质量直接顶岩石的辐射强度需达到 5 cps/s,以确保自然 γ 射线煤矸自动识别技术在该工作面适用。对于顶板岩性有突变的工作面,需要在工作面回采之前对顶板突变部分的岩石辐射强度进行标定,并在工作面推进至顶板突变位置时对参数进行调整,回采至顶板岩性正常时再恢复参数。

(2)由于对辐射的计数具有统计涨落规律,为确保数据的真实性,确定本底的漂移范围为 $m \pm 3\sigma_N$,大于该值的辐射强度(含本底)被认为有矸石的贡献,即此时煤流中 100% 出现矸石。通过试验对比,此时煤流中瞬时混矸率约为 20%。

(3)探测器的稳定采样周期为 0.1 s,所采用的加权移动平均法的滤波因子取 20。

(4)对于简单煤层,在放煤过程中矸石来源除顶板外无其他来源,即放煤口及刮板输送机上出现的矸石均为顶板矸石,煤矸自动识别系统判断机制单一,这有利于放煤口合理关窗时机的选择,仅需探测放煤口下方刮板输送机上矸石的辐射强度即可作出相应判断;对于含夹矸煤层,在顶煤放落过程中,夹矸会随顶煤流入工作面,为避免夹矸对探测准确度的影响,需在支架掩护梁后方放置一探测器,通过观察辐射强度的变化趋势及稳定性排除夹矸影响。

(5)对于顶板岩性稳定的煤系,开关窗动作的时机选择具有相应的临界值。由于不同矿井顶板岩石辐射强度及灰分要求不同,需要在确定关窗阈值之前对其辐射强度及环境本底进行测定,再根据式(5-1)确定关窗阈值 J。

$$J \geqslant \frac{4\pi q \rho_c \rho_g c_g}{[\mu_c + (\mu_g - \mu_c)c_g][\rho_g + (\rho_c - \rho_g)c_g]} \tag{5-1}$$

式中 q——矸石中辐射物质浓度;

   ρ_c——煤的密度;

   ρ_g——直接顶矸石的密度;

   c_g——煤矸流瞬时混矸率,若选煤厂不作具体要求则选 35%;

   μ_c——自然 γ 射线在煤中的质量衰减系数;

   μ_g——自然 γ 射线在矸石中的质量衰减系数。

5.6 小　　结

本章通过对煤矸自动识别技术的试验研究,得到以下结论:

(1)环境本底实测数据出现在平均值附近的频率较高,距离平均值越远,频率越低。

(2)通过对煤样的测试,发现煤中的辐射强度非常小。由于煤层铺设于探测器上面,对周围的环境本底起到一定的屏蔽作用,在测量过程中甚至出现松散煤体对周围环境辐射的屏蔽大于自身的辐射贡献的情况。

(3)相对煤,矸石的辐射强度较大,且达到饱和辐射的矸石质量仅需 50 kg 左右。

(4)探测器探测到的矸石辐射强度与其上覆盖的煤的厚度、矸石和探测器的距离、矸石质量、温度及湿度等因素有关。探测器探测得到的矸石辐射强度与探测距离具有非线性关系;不同质量的矸石辐射强度不同;当温度和湿度变化较大时,需要安装温度和湿度传感器以纠正探测器的探测值;覆盖于矸石上方的煤层对矸石的辐射强度具有屏蔽作用,且随覆盖煤层厚度增加,所探测到的矸石辐射强度减小,20 cm 厚的碎煤可以屏蔽底层矸石的辐射;对于煤矸混合体,当混矸率小于 35% 时,辐射强度随混矸率的增加而增加,当混矸率大于 35% 时,混矸率增加时辐射强度的增加不再明显。

(5)放顶煤模拟测试的结果显示,所研制的煤矸自然射线测量系统的稳定采样周期为 0.1 s,所采用的加权移动平均法的滤波因子取 20 时,能够满足实时判断煤矸混合物中矸石含量的变化趋势和显示的要求,从而验证了采用自然射线技术进行放顶煤煤矸识别的可靠性。

6　结论与展望

本书以综放开采自动化放顶煤技术为背景,采用理论分析、现场调研和实验室试验相结合的方式对煤矸自动识别理论和技术进行了较为系统的研究,内容包括:厚煤层煤岩层中放射性核素的沉积分布特征、试验系统的研制、煤矸混合体混矸率与辐射强度关系计算模型、煤矸低辐射水平自然射线的涨落规律、煤矸辐射强度探测的影响因素及阈值,并通过实验室试验确定了煤矸识别指标体系和临界值。

6.1　主要结论

本书主要研究结论:

(1)天然放射性核素广泛分布于沉积岩中,它们的半衰期从几秒至几亿年。在自然界中,它们的数量都很少,对放射性测量有影响的只有钾、铀和钍。

(2)同种矿物或同类岩石,放射性核素含量相近;不同种矿物或非同类岩石,其放射性核素含量差别较大,该规律具有统计性。

(3)对于煤矿顶板来说,不同的沉积岩具有不同的放射特征,其中的铀、钍、钾的含量相差也很大,顶板中放射性核素含量主要与沉积物的粒度、沉积环境内有机物质的数量、沉积环境和沉积条件、沉积时间等因素有关。

(4)煤中放射性核素含量相对顶板岩石小很多,在辐射测量的过程中可以忽略不计,因而可以通过对煤矸混合物中辐射强度的探测确定其中矸石的含量,且探测过程不受煤、矸块度的影响,在煤矸混合流中达到饱和辐射探测强度仅需要矸石 50 kg 左右。

(5)研制了煤矸自动识别试验台,对综放工作面液压支架放煤环境进行实验室模拟;同时研制了煤矸自然射线实时探测系统,确定了探测系统中探测器配件的型号;研制了配套的数据实时处理及显示软件,其最小采样周期为 50 ms。

(6)建立了煤矸混合模型和煤矸冒落辐射探测有效厚度模型,计算得到不同条件下煤矸混合体的混矸率与辐射强度之间的关系。

（7）针对放射性计数的统计涨落规律，分析了本底辐射对矸石低水平辐射探测过程的影响，确定了矸石放射性阈值、合理的探测时间及滤波方法。

（8）通过试验标定，得到环境本底实测数据出现在平均值附近的频率较高，距离平均值越远，频率越低。

（9）探测器探测到的矸石辐射强度与其上覆盖的煤的厚度、矸石和探测器的距离、矸石质量、温度及湿度等因素有关。探测器探测得到的矸石辐射强度与探测距离具有非线性关系；不同质量的矸石辐射强度不同；当温度和湿度变化较大时，需要安装温度和湿度传感器以纠正探测器的探测值；覆盖于矸石上方的煤层对矸石的辐射强度具有屏蔽作用，且覆盖煤层厚度增加，所探测到的矸石辐射强度减小，20 cm 厚的碎煤可以屏蔽底层矸石的辐射；对于煤矸混合体，当混矸率小于 35％时，辐射强度随混矸率的增加而增加，当混矸率大于 35％时，混矸率增加时辐射强度的增加不再明显。

（10）放顶煤模拟测试的结果显示，所研制的煤矸自然射线测量系统的稳定采样周期为 0.1 s，所采用的加权移动平均法的滤波因子取 20 时，能够满足实时判断煤矸混合物中矸石含量的变化趋势和显示的要求，验证了采用自然射线技术进行放顶煤煤矸识别的可靠性。

6.2 主要创新点

（1）在分析综放工作面直接顶岩层中放射性核素矿物的成因、沉积特征及分布规律的基础上，确定了对放射性测量有影响的核素为钾、铀和钍三类。测试分析了我国典型矿区煤岩层中放射性矿物的 γ 射线辐射强度特征，得到了顶板中放射性核素含量主要与沉积物的粒度、沉积环境内有机物质的数量、沉积环境和沉积条件、沉积时间等因素有关的结论。提出了采用自然 γ 射线法进行煤矸识别的理论依据。

（2）研制了煤矸自动识别试验台，实现了对综放工作面液压支架放煤环境的实验室模拟；建立了煤矸自然 γ 射线实时探测系统及配套的数据实时处理及显示软件，确定了采集分析识别参数。

（3）建立了煤矸混合体自然射线辐射模型和煤矸冒落辐射探测有效厚度模型，计算得出了不同条件下煤矸混合体的混矸率与辐射强度之间的关系，确定了探测识别的影响因素并测量分析了相关参数。

（4）揭示了本底计数统计涨落、探测距离、厚度、温度、湿度等对探测效果的影响规律，试验验证了饱和探测厚度阈值及辐射强度与混矸率关系曲线的理论解析结果，确定了煤矸自动识别探测系统对煤流中矸石混入的响应程度及实时显示判断能力，建立了煤矸识别的指标体系和临界值。

6.3 研究展望

研究自然 γ 射线煤矸自动识别技术涉及的学科较多，要求掌握单片机 C 语言、原子核物理学、低水平辐射测量学、机械原理以及模拟电路等知识。由于矿井的特殊环境不同于地面或实验室，其对装备和技术有防爆、防水等特殊要求，从大的方面勾勒综放开采煤矸自动识别技术体系，特别是煤矸自动识别试验系统的研制和自然 γ 射线煤矸识别影响因素和特征指标体系的试验分析，为综放开采自动化放顶煤工艺奠定了坚实的基础，但是因认识程度以及其他方面的缘故，书中部分内容或章节或许存在欠妥或不足之处，笔者认为尚需要继续深入研究的内容有：

（1）厚煤层不同岩性直接顶岩石辐射特征。我国煤炭资源分布广泛，顶板沉积条件复杂多变，进一步取样分析不同类型顶板岩石辐射特征对确定自然 γ 射线煤矸识别技术的适用范围及指标体系和临界值具有重要的理论和现实意义。

（2）煤矸自然 γ 射线探测系统目前只在实验室进行了可靠性验证，对于复杂的矿井环境无法完全模拟，探测过程尚有不确定因素，因而该系统需要在现场环境下进行检验和测试。

（3）综放开采煤矸自动识别技术的研究只是为解决自动化放顶煤技术奠定了基础，实现综放工作面的全自动化操作还需要煤矸自动识别技术与支架的电液控制技术及采煤机的自动调高系统进行融合，在回采工艺方面也要进行合理的协调设计。

（4）成套的符合矿井安全环境要求的煤矸自动识别设备需要尽快研制，目前本书作者所属教研课题小组正在进行该成套设备的研发工作。

参 考 文 献

[1] ALFORD D. Automatic vertical steering of ranging drum shearers using MIDAS[J]. Mining technology, 1985(4):125-129.

[2] BENNETT A E. Automatic steering of shearer[M].[S.l.:s.n.],1987.

[3] CUNDALL R A, HART R D. Development of generalized 2-D and 3-D distinct element programs for modeling jointed rock[R].[S.l.],1985.

[4] DING X M. The application of MISEP blind separation algorithm in coal and rock interface automatic identification of fully mechanized mining[J]. Applied mechanics and materials,2010,40/41:52-57.

[5] ECHEVERRíA J C, CROWE J A, WOOLFSON M S, et al. Application of empirical mode decomposition to heart rate variability analysis[J]. Medical and biological engineering and computing,2001,39(4):471-479.

[6] FU Q, WU J, WANG J C. Study on the application of distinct element method in longwall top-coal caving mining[C]//International Workshop on Underground Thick-seam Mining, Beijing,1999.

[7] KONG L. Research on the dynamic identification model for coal gangue based on double energy method[J]. Coal preparation technology,2001(4):18-23.

[8] LAW D. Auto-steerage: an aid to production: part two[J]. The mining engineer,1989(6):330-334.

[9] LI J P, DU C L, BAO J W. Direct-impact of sieving coal and gangue[J]. Mining science and technology (China),2010,20(4):611-614.

[10] LI X, GU T. New technique of distinguishing rock from coal based on statistical analysis of wavelet transform[C]//Independent Component Analyses, Wavelets, Neural Networks, Biosystems, and Nanoengineering, Orlando,2009.

[11] LIU W.Application of Hilbert-Huang transform to vibration signal analysis of coal and gangue[J].Applied mechanics and materials,2010,40/41:995-999.

[12] LIU W. Notice of retraction: coal rock interface recognition based on independent component analysis and BP neural network[C]//2010 3rd International Conference on Computer Science and Information Technology, Chengdu,2010.

[13] MAWREY G L.Horizon control holds key to automation[J].Coal,1992, 97(1):47-48.

[14] MOWREY G L. Passive infrared coal interface detection [C]//SME Annual Meeting,Salt Lake City, 1990.

[15] MOWREY T.Horizon control key to distinct coal automation[J].Journal of coal,1992,97(1):56-60.

[16] QIN J Q, ZHENG J R, ZHU X, et. al. Establishment of a theoretical model of sensor for identification of coal and rock interface by natural γ ray and underground trials[J].Journal of China coal society,1996,21(5): 513-516.

[17] REN F,LIU Z Y,YANG Z J.Weighted algorithm of multi-sensor data conflict in coal-rock interface recognition [J]. Applied mechanics and materials,2011,58/59/60:1908-1913.

[18] REN F,YANG T M,YANG Z J,et.al.Application and research of multi-sensor data mining and fusion technique in the coal-rock interface recognition system [C]//Proceedings of 6th International Symposium on Test and Measurement (ISTM),Dalian,2005.

[19] REN F,LIU Z Y,YANG Z J.Harmonic response analysis on cutting part of shearer physical simulation system paper title [C]//IEEE 10th International Conference on Signal Processing (ICSP 2010),Beijing,2010.

[20] REN F, YANG Z J, XIONG S B. Research and application of wavelet packet on the feature extraction of coal-rock interface identification[C]// Proceedings of the International Symposium on Test and Measurement, Shenzhen,2003.

[21] SHI J J,ZHOU L W,KONG K W,et al.Fuzzy neural network based coal-rock interface recognition [J]. Applied mechanics and materials,

2010,44/45/46/47:1402-1406.

[22] STRACK O D L,CUNDALL P A.The distinct element method as a tool research in granular media,part Ⅰ[C]//Department of Civil and Mineral Engineering,University of Minnesota,National Science Foundation,1978.

[23] TAO G,XU L.New equipment of distinguishing rock from coal based on statistical analysis of fast Fourier transform[C]//2009 WRI Global Congress on Intelligent Systems,Xiamen,2009.

[24] WANG R F,YANG T M,XIONG S B.Coal-rock interface identification based on support vector machine[C]//Proceedings of 6th International Symposium on Test and Measurement(ISTM),Dalian,2005.

[25] WANG Z C,ZHANG X J,ZHANG H X.The research on detection of rock content in coal rock mixture in top coal caving by natural Gamma ray[J].Journal of sensing technology,2003,12(4):442-445.

[26] YANG W C,WANG S B.Coal-rock interface sensing technology applied for horizon control of mining shearers [C]//2010 International Conference on Electrical and Control Engineering,Wuhan, 2010.

[27] ZHANG P,KONG L,HUANG X H.The study of an on-line identification device for coals and gangues based on the value of K for low and high energy γ-rays[J].Instrument technique and sensor,1999(3):78-82.

[28] ZHANG Y L,ZHANG S X.Analysis of coal and gangue acoustic signals based on Hilbert-Huang transformation[J].Journal of the China coal society,2010,35(1):165-168.

[29] ZHAO S F,GUO W.Coal-rock interface recognition based on multiwavelet packet energy[C]//2009 International Workshop on Intelligent Systems and Applications,Wuhan,2009.

[30] 艾自辉.几种常用闪烁体耐 γ 辐照特性研究[D].绵阳:中国工程物理研究院,2008.

[31] 毕东柱.基于 ZICM2410 通信模块的煤矸识别手持终端设计[J].煤炭科学技术,2014,42(8):83-85.

[32] 曹琳,亢武,储诚胜,等.大面积塑料闪烁体 γ 探测技术研究[J].核电子学与探测技术,2009,29(1):52-54.

[33] 陈博.煤矸冲击滑移作用下尾梁动态特性研究[D].青岛:山东科技大

学,2020.

[34] 陈贵.综放面围岩应力分布及矿压显现规律研究[D].淮南:安徽理工大学,2005.

[35] 陈国杰,赵维义,朱星.基于单片机双能 γ 射线透射煤矸石在线识别仪[J].核电子学与探测技术,2004,24(2):140-142.

[36] 储诚胜.辐射监控门系统研制[J].中国核科技报告,2006(1):143-150.

[37] 崔建勇.智能型液压支架电液控制系统方案研究[J].自动化应用,2021(6):130-133.

[38] 崔进红.浅谈提高煤炭资源回收率的有效途径[J].科技信息,2010(3):344.

[39] 邓长明,孟丹,程昶,等.一种用于大面积塑料闪烁体电子学电路的设计[J].核电子学与探测技术,2007,27(4):711-712.

[40] 丁亮.白洞煤矿综放工作面煤矸识别研究[J].同煤科技,2014(2):1-3.

[41] 豆贯铭.大同煤田石炭二叠系煤层赋存特征及控煤作用[D].太原:太原理工大学,2013.

[42] 窦廷焕,肖达先,董雅琴,等.神府东胜矿区煤中微量元素初步研究[J].煤田地质与勘探,1998,26(3):11-15.

[43] 杜建伟.基于综放工作面的厚煤层沿空留巷支护技术探讨[R].长治:山西潞安集团,2013.

[44] 杜学领,杨宝贵,杨鹏飞.煤矿专用巷高瓦斯矿井综放充填开采技术[J].煤矿安全,2014,45(6):148-151.

[45] 樊淋,李延国,季建峰.大面积塑料闪烁体中荧光光子收集研究[J].核电子学与探测技术,2003,23(2):117-120.

[46] 范志忠.自动化大采高综放工作面关键技术探讨[J].工矿自动化,2014,40(11):34-37.

[47] 冯璟华,彭太平,蒙世坚.提高塑料闪烁体 n/γ 甄别能力的一种新途径[J].核电子学与探测技术,2011,31(9):939-942.

[48] 富强,刘建华.鄂尔多斯地区安全高效采煤方法的适应性研究[J].煤炭科学技术,2007,35(6):9-13.

[49] 高明飞,曲祖俊,何树卿,等.北皂煤矿海下开采水文地质条件分析[J].山东煤炭科技,2008(2008 年煤矿防治水技术专刊):41-44.

[50] 顾熹豪.移动目标弱放射性检测与甄别研究[D].苏州:苏州大学,2014.

[51] 广东省地质局七〇五地质队.放射性物探[M].北京:地质出版社,1980.

［52］郭书元,张广权,陈舒薇.陆表海碎屑岩—碳酸盐岩混积层系沉积相研究:以鄂尔多斯东北部大牛地气田为例［J］.古地理学报,2009,11(6):611-627.

［53］何锋.γ-射线煤灰分测量仪的发展及正确使用［J］.煤质技术,2007(1):36-37.

［54］何勇华.综采工作面语音系统的噪声研究［J］.工矿自动化,2014,40(3):12-15.

［55］洪跃.各种尺寸塑料闪烁体的制备及各种因素对性能的影响［J］.原子能科学技术,1996(3):173-181.

［56］黄曾华.综采工作面自动化控制技术的应用现状与发展趋势［J］.工矿自动化,2013,39(10):17-21.

［57］黄寿元,贾安民,黄俊歆.一种自动校准多风表的风洞检测试验装置［J］.工矿自动化,2014,40(9):124-126.

［58］孔秀红.基于新一代互联网技术的云矿山建设［J］.工矿自动化,2013,39(10):21-23.

［59］兰添才,郑汉垣.基于纹理特征融合的煤矸石分选技术研究［J］.龙岩学院学报,2008,26(6):56-59.

［60］李河名.鄂尔多斯盆地中侏罗世含煤岩系煤的无机地球化学研究［M］.北京:地质出版社,1993.

［61］李建伟,邓长明,姚永刚,等.大面积薄片塑料闪烁体探测器的包装工艺及电路设计［J］.核电子学与探测技术,2014,34(6):733-735.

［62］李星亮.陈家沟煤矿综放开采覆岩移动破坏规律研究［D］.西安:西安科技大学,2010.

［63］李旭,顾涛.基于差分-小波变换模系数极大法的煤矸振动信号研究［J］.煤矿开采,2011,16(5):11-14.

［64］李旭,顾涛.煤矸振动信号小波奇异性-Fisher 判别规则研究［J］.计算机工程与设计,2011(5):1080-1803.

［65］李玉兰,李元景,许荔柏,等.狭长闪烁体光传输的研究［J］.核电子学与探测技术,2003,23(6):534-537.

［66］李增学,魏久传,韩美莲.海侵事件成煤作用:一种新的聚煤模式［J］.地球科学进展,2001,16(1):120-124.

［67］李增学,余继峰,郭建斌,等.陆表海盆地海侵事件成煤作用机制分析［J］.沉积学报,2003,21(2):288-296.

[68] 梁齐,高启安,常勇.长方塑料闪烁体光收集效率的研究[J].核技术,1994,17(8):493-498.

[69] 梁权,周彦.大雁矿区矿井自然发火的防治[J].内蒙古煤炭经济,2003(2):52-53.

[70] 刘富强,钱建生,王新红,等.基于图像处理与识别技术的煤矿矸石自动分选[J].煤炭学报,2000,25(5):534-537.

[71] 刘焕杰,贾玉如,龙耀珍,等.海相成煤论进展[J].沉积学报,1992(3):47-56.

[72] 刘建华.鄂尔多斯典型条件下中小煤矿的采煤工艺改革与创新实践[C]//内蒙古煤炭工业科学发展高层论坛论文集,2010.

[73] 刘江.伊泰矿区井下地应力测量及应力场分布特征研究[J].煤炭学报,2011,36(4):562-566.

[74] 刘强.基于支持向量机的煤岩界面识别方法[J].应用技术,2007(8):90-91.

[75] 刘绍龙.神府东胜煤田富集规律及有关问题的探讨[J].石油地球物理勘探,1995(2):156-164,182.

[76] 刘伟,华臻,张守祥.基于小波和独立分量分析的煤矸界面识别[J].控制工程,2011,18(2):279-282.

[77] 刘伟,华臻.Hilbert-Huang 变换在煤矸界面探测中的应用[J].计算机工程与应用,2011,47(9):8-11.

[78] 刘伟.综放工作面煤矸界面识别理论与方法研究[D].北京:中国矿业大学(北京),2011.

[79] 刘正邦,焦养泉,薛春纪,等.东胜地区侏罗系铀成矿与含煤岩系的关系[C]//中国核科学技术进展报告(第二卷):中国核学会 2011 年学术年会论文集第 1 册(铀矿地质分卷),2011.

[80] 卢共平.煤岩界面探测技术[J].陕西煤炭技术,1996(3):56-59.

[81] 罗小兵,张传飞,彭太平,等.ST1422 塑料闪烁体光输出能量响应函数的测定[J].核电子学与探测技术,2004,24(2):186-188.

[82] 吕大炜,李增学,刘海燕.华北板块晚古生代海侵事件古地理研究[J].湖南科技大学学报(自然科学版),2009,24(3):16-22.

[83] 吕大炜,李增学,魏久传,等.基于不同成煤理论的含煤地层层序划分[J].中国石油大学学报(自然科学版),2010,34(4):49-56.

[84] 吕大炜,魏欣伟,刘海燕,等.华北板块晚石炭世古地貌单元划分及其聚煤规律[J].油气地质与采收率,2010,17(5):24-27.

[85] 马瑞,王增才,王保平.基于声波信号小波包变换的煤矸界面识别研究[J].煤矿机械,2010,31(5):44-46.

[86] 马永和,翁放,肖度元,等.成分对双能γ射线穿透法测灰分的影响[J].核电子学与探测技术,1989,9(6):324-329.

[87] 煤炭工业部地质局.含煤岩系沉积岩标准鉴定手册[M].北京:煤炭工业出版社,1987.

[88] 孟丹,邓长明,程昶,等.大面积塑料闪烁体探测模块的性能测试[J].核电子学与探测技术,2007,27(4):752-755.

[89] 孟丹,邓长明,程昶,等.两种大面积塑料闪烁探测器的性能对比及工艺设计[J].核电子学与探测技术,2009,29(5):1095-1097.

[90] 倪庆均,郭英亮.井下煤矸分离技术在含夹石煤层开采中的应用[J].山东煤炭科技,2013(3):29-30.

[91] 聂浩刚,董福辰,赵维宽,等.东胜煤田含煤岩系层序地层特征与聚煤规律分析:以东胜煤田阿不亥煤炭勘查区为例[J].中国煤炭地质,2011,23(2):10-16.

[92] 秦剑秋.采煤机自动调控用自然γ射线煤岩界面识别传感技术的研究[D].徐州:中国矿业大学,1993.

[93] 秦剑秋,孟惠荣.自然γ射线煤岩界面识别传感器的理论建模及实验验证[J].煤炭学报,1996,21(5):513-516.

[94] 任芳,杨兆建,熊诗波.国内外煤岩界面识别技术研究动态综述[J].煤,2001,10(4):54-55.

[95] 任芳,杨兆建,熊诗波.基于改进BP网络的煤岩界面自动识别[J].煤矿机电,2002(5):20-22.

[96] 任芳,刘正彦,杨兆建,等.扭振测量在煤岩界面识别中的应用研究[J].太原理工大学学报,2010,41(1):94-96.

[97] 石玉春,吴燕玉.放射性物探[M].北京:原子能出版社,1986.

[98] 王保平.放顶煤过程中煤矸界面自动识别研究[D].济南:山东大学,2012.

[99] 王东东.鄂尔多斯盆地中侏罗世延安组层序-古地理与聚煤规律[D].北京:中国矿业大学(北京),2012.

[100] 王国法,庞义辉.煤炭安全高效开采技术与装备发展[J].煤炭工程,2014,46(10):38-42.

[101] 王国法,庞义辉,任怀伟.煤矿智能化开采模式与技术路径[J].采矿与岩层

控制工程学报,2020,2(1):1-15.

[102] 王家臣.我国综放开采 40 年及展望[J].煤炭学报,2023,48(1):83-99.

[103] 王金华,黄曾华.中国煤矿智能开采科技创新与发展[J].煤炭科学技术,2014,42(9):1-6.

[104] 王金华,黄乐亭,李首滨,等.综采工作面智能化技术与装备的发展[J].煤炭学报,2014,39(8):1418-1423.

[105] 王立宗.载～6Li 塑料闪烁探测器性能研究[D].绵阳:中国工程物理研究院,2004.

[106] 王义海,朱炎铭,蔡图,等.金海洋矿区太原组沉积环境及煤层对比研究[J].煤炭科学技术,2013,41(4):109-113.

[107] 王增才.自然 γ 射线煤岩界面识别机理及顶煤厚度检测仪的研制[D].北京:中国矿业大学(北京),1999.

[108] 王增才.综采放顶煤开采过程煤矸识别研究[J].煤矿机械,2002(8):13-14.

[109] 王增才,孟惠荣.支架顶梁对 γ 射线方法测量顶煤厚度影响研究[J].中国矿业大学学报,2002,31(3):323-326.

[110] 王增才,张秀娟,张怀新,等.自然 γ 射线方法检测放顶煤开采中的煤矸混合度研究[J].传感技术学报,2003(4):442-446.

[111] 吴冲,赵力,衡月昆,等.塑料闪烁体的辐照特性[J].高能物理与核物理,2006(9):872-875.

[112] 吴联君.神东矿区沉积环境分析及其对矿井开采地质条件的影响研究[D].阜新:辽宁工程技术大学,2001.

[113] 吴茂嘉,何彬,欧阳晓平,等.宽能谱高灵敏含硼塑料闪烁体探测器理论设计[J].核技术,2011,34(8):599-603.

[114] 吴治华.原子核物理实验方法[M].3 版..北京:原子能出版社,1997.

[115] 谢和平,刘虹.煤炭革命不是"革煤炭的命"[N].中国科学报,2015-03-02(1).

[116] 辛成华.大同煤田石炭二叠纪煤层对比及分布特征研究[J].能源与节能,2014(2):191-192.

[117] 熊正隆.IEC60412:2007 核仪器 闪烁探测器的命名(标识)和闪烁体的标准尺寸[J].国际窗,2010(3):35-39.

[118] 徐琦,孔力,刘文中.生态遗传算法在煤矸石模糊模式识别中的应用[J].工矿自动化,2003,29(2):9-11.

[119] 杨景才,王继生,李泉生.神东矿区 1.5～2.0 m 煤层自动化开采关键技术

研究与实践[C]//内蒙古煤炭工业科学发展高层论坛论文集,2010.

[120] 杨孟达.煤矿地质学[M].北京:煤炭工业出版社,2006.

[121] 杨永辰,王同杰,刘富明.综放面顶煤回收率试验研究及提高回采率的途径[J].煤炭工程,2002(8):51-53.

[122] 尹文国,王延润,宋文德.北皂煤矿海域进风暗斜井支护型式研究与实践[J].山东煤炭科技,2010(4):141-142.

[123] 于斌,刘长友,杨敬轩,等.大同矿区双系煤层开采煤柱影响下的强矿压显现机理[J].煤炭学报,2014,39(1):40-46.

[124] 于师建,刘家琦.煤岩界面弱反射波小波多分辨分析[J].岩石力学与工程学报,2005,24(18):3224-3228.

[125] 张晨.煤矸光电密度识别及自动分选系统的研究[D].北京:中国矿业大学(北京),2012.

[126] 张海峰.综采放顶煤技术在阳湾沟煤矿的应用[J].煤矿安全,2013,44(5):157-159.

[127] 张建华.大雁二矿软岩煤层回采巷道失稳原因分析[J].煤炭科学技术,2006,34(9):78-80.

[128] 张军民,郭兰英,凌球,等.关于复合探测器的塑料闪烁体厚度及其对γ探测效率的研究[J].衡阳师范学院学报,2006,27(6):27-31.

[129] 张良,牛剑峰,代刚,等.综放工作面煤矸自动识别系统设计及应用[J].工矿自动化,2014,40(9):121-124.

[130] 张朴,孔力,黄心汉.基于中、低能γ射线的K值判别法煤矸在线识别仪的研究[J].仪表技术与传感器,1999(3):17-18,25.

[131] 张朴,孔力,徐琦.双能γ射线透射法煤矸在线识别仪的研制[J].工业仪表与自动化装置,1999(3):55-57.

[132] 张守祥,张艳丽,王永强,等.综采工作面煤矸频谱特征[J].煤炭学报,2007,32(9):971-974.

[133] 张守祥,张学亮,刘帅,等.智能化放顶煤开采的精确放煤控制技术[J].煤炭学报,2020,45(6):2008-2020.

[134] 张万枝,王增才.基于视觉技术的煤岩特征分析与识别[J].煤炭技术,2014,33(10):272-274.

[135] 张喜武.神东矿区可持续发展战略及其保障系统研究[D].阜新:辽宁工程技术大学,2003.

[136] 赵海芳,陈莹.煤和矸石的气射式试验[J].工矿自动化,2014,40(3):83-85.

[137] 赵荣生,张文良,吕钊,等.人员出入口核材料检测装置的研制[J].原子能科学技术,2005,39(5):455-457.

[138] 赵栓峰.多小波包频带能量的煤岩界面识别方法[J].西安科技大学学报,2009,29(5):584-588,602.

[139] 赵维义,赵晋.提高透射式 γ 射线选煤设备分选率的几个技术问题[J].核电子学与探测技术,2000,20(2):147-149.

[140] 中国煤炭工业协会.2022 煤炭行业发展年度报告[R].北京:中国煤炭工业协会,2023.

[141] 中国煤田地质总局.鄂尔多斯盆地聚煤规律及煤炭资源评价[M].北京:煤炭工业出版社,1996.

[142] 钟蓉,傅泽明.华北地台晚石炭世—早二叠世早期海水进退与厚煤带分布关系[J].地质学报,1998,72(1):64-75.

[143] 周甄,任芳,张晓强,等.用局域波法提取特征向量识别煤岩界面[J].煤矿机电,2009(2):50-51.

[144] 朱世刚.综放工作面煤岩性状识别方法研究[D].北京:中国矿业大学(北京),2014.

[145] 朱筱敏.沉积岩石学[M].4 版.北京:石油工业出版社,2008.